TURING 图灵程序设计丛书

LEARNING REGULAR EXPRESSIONS

# 正则表达式必知必会

## （修订版）

[美] 本·福塔◎著　门佳 杨涛 等◎译

人民邮电出版社
北京

**图书在版编目（CIP）数据**

正则表达式必知必会 : 修订版 / (美) 本·福塔 (Ben Forta) 著 ; 门佳等译. -- 北京 : 人民邮电出版社, 2019.7（2023.12重印）
（图灵程序设计丛书）
ISBN 978-7-115-51407-3

Ⅰ. ①正… Ⅱ. ①本… ②门… Ⅲ. ①正则表达式 Ⅳ. ①TP301.2

中国版本图书馆CIP数据核字(2019)第104271号

## 内容提要

正则表达式是一种威力无比强大的武器，几乎在所有的语言和平台上都可以用它来执行各种复杂的文本处理和操作。本书从简单的文本匹配开始，循序渐进地介绍了很多复杂内容，包括反向引用、条件评估、环视等。每章都配有许多简明实用的示例，有助于全面、系统、快速掌握正则表达式，并运用它们解决实际问题。

本书适合各种语言和平台的开发人员阅读。

◆ 著　　　[美] 本·福塔
译　　　门 佳 杨 涛 等
责任编辑　张海艳
责任印制　周昇亮

◆ 人民邮电出版社出版发行　　北京市丰台区成寿寺路11号
邮编　100164　　电子邮件　315@ptpress.com.cn
网址　http://www.ptpress.com.cn
北京市艺辉印刷有限公司印刷

◆ 开本：880×1230　1/32
印张：4.125　　　　2019年7月第1版
字数：127千字　　　　2023年12月北京第14次印刷

著作权合同登记号　图字：01-2018-7602号

定价：39.00元

**读者服务热线：(010)84084456-6009　印装质量热线：(010)81055316**
**反盗版热线：(010)81055315**
**广告经营许可证：京东市监广登字 20170147 号**

# 版 权 声 明

# 前　言

正则表达式（regular expression，简称 RegEx 或 regex）和正则表达式语言已经出现很多年了。正则表达式的专家们早就掌握了这种威力无比强大的武器，它可以在几乎所有语言和平台上执行各种复杂的文本处理和操作。

这是好事。但坏事是：长期以来，正则表达式一直是技术高手的专属标志。多数人并没有完全理解正则表达式的用途以及它能解决什么样的问题。那些敢于涉猎的人们发现正则表达式的语法不直观，有时候甚至难以理解。这不能不说是一种悲哀，因为正则表达式其实远没有第一眼看上去那么复杂。只要你能清晰地理解你想要解决的问题并学会如何使用正则表达式，就可以轻而易举地解决这些问题。

正则表达式不为大多数人所掌握的原因之一是缺乏相关的优质资源。一些正则表达式方面的书，以及包含正则表达式教程的大部分 Web 站点，往往过于偏重语法，只是在讲{是干什么的，+与*之间有什么区别。这些东西都不难，正则表达式语言中的特殊字符也不算很多。真正棘手的地方，在于弄明白该如何运用正则表达式去解决实际问题。

你拿在手里的这本书并不打算成为一本正则表达式大全。如果你想要的是这种书，那么应该去阅读 Jeffrey Friedl 编写的《精通正则表达式（第 3 版）》。Friedl 先生是业内公认的正则表达式专家，他的书绝对是这方面既权威又全面的著作。但是，绝非冒犯 Friedl 先生，他的书并不适合初学者，即便是对于那些不需要理解正则表达式引擎的内部工作原理，只想找份工作的普通用户而言，也是如此。这并不是说那本书里的信息没有用，但如果你想做的就是为 HTML 表单添加验证功能或是对已解析过的文本进行替换，书中内容的确派不上什么用场。如果你想尽快上手正则表达式，就会发现自己陷入了一个两难境地：要么找不到简明易学的参考资料，要么找到的参考资料过于深奥，不知道从何开始。

这正是本书诞生的原因。书中所讲授的正则表达式知识是你真正需要知道的，从简单的文本匹配开始，循序渐进到更复杂的反向引用、条件评估、环视等主题。你学到的东西立刻就可以运用于实践，通过清晰实用的例子以及所展现的实际问题解决方法，你将有条不紊、系统化地学习到正则表达式的相关知识。

## 目标读者

本书适用于下列人员。

- 第一次接触正则表达式。
- 希望自己能够快速掌握正则表达式的基本用法。
- 希望通过学习使用一种最强大（也最不易理解）的工具来解决实际问题，从而获得优势。
- 正在开发 Web 应用，需要进行复杂的表单和文本处理。
- 正在使用 JavaScript、Java、.NET、PHP、Python、MySQL（以及其他支持正则表达式的语言和 DBMS），想要学习如何在应用开发过程中使用正则表达式。
- 希望在不求助于他人的情况下，轻松高效地掌握正则表达式。

那就翻到第 1 章开始学习吧。你肯定会立刻感受到正则表达式的强大威力。

# 目　录

# 第 1 章 正则表达式入门

在本章里，你将学习何为正则表达式以及它可以帮助你做些什么。

## 1.1 正则表达式的用途

和其他工具一样，正则表达式是人们为了解决特定的问题而发明的一种工具。要想理解正则表达式及其功用，最好的办法是了解它可以解决什么样的问题。

请考虑以下几个场景。

- 你正在搜索一个文件，这个文件里包含单词 `car`（不区分字母大小写），但你并不想把包含字符串 `car` 的其他单词（比如 `scar`、`carry` 和 `incarcerate` 等）也找出来。
- 你打算生成一个网页以显示从某个数据库里检索出来的文本。在那些文本里可能包含一些 URL 地址字符串，而你希望那些 URL 地址在最终生成的页面里是可点击的（也就是说，你打算生成一些合法的 HTML 代码——`<a href></a>`——而不仅仅是普通的文本）。
- 你创建了一个包含一张表单的应用程序，这个应用程序负责收集包括电子邮件地址在内的用户信息。你需要检查用户给出的电子邮件地址是否符合正确的语法格式。
- 你正在编辑一段源代码并且要把所有的 `size` 都替换为 `isize`，但这种替换仅限于单词 `size` 本身，并不涉及那些包含字符串 `size` 的其他单词。

- 你正在显示一份计算机文件系统中所有文件的清单，但你只想把文件名里包含 Application 字样的文件列举出来。
- 你正在把一些数据导入应用程序。那些数据以制表符作为分隔符，但你的应用程序要支持 CSV 格式（每条记录独占一行，同一条记录里的各项数据之间用逗号分隔，数据允许出现在引号内）。
- 你需要在文件里搜索某个特定的文本，但你只想把出现在特定位置（比如每行的开头或是每条语句的结尾）的文本找出来。

以上场景是大家在编写程序时经常会遇到的问题，用任何一种支持条件处理和字符串操作的编程语言都可以解决，但问题是这种解决方案会变得十分复杂。比较容易想到的办法是，用一些循环来依次遍历那些单词或字符并在循环体里面用一系列 if 语句来进行测试，这往往意味着你需要使用大量的标志来记录已经找到了什么、还没有找到什么，另外少不了要检查空白字符和特殊字符，等等。而这一切都需要一遍又一遍地以手工方式进行。

另一种解决方案是使用正则表达式。上述问题都可以用一些精心构造的语句，或者说一些由文本和特殊指令构成的高度简练的字符串来解决，比如像下面这样的语句：

```
\b[Cc][Aa][Rr]\b
```

**注意** 如果现在还看不懂这一行，先别着急，你很快就会知道它的含义是什么。

## 1.2 如何使用正则表达式

如果认真思考一下那些问题场景，就会发现它们不外乎两种情况：一种是查找特定的信息（搜索），另一种是查找并编辑特定的信息（替换）。事实上，从根本上来讲，这正是正则表达式的两种基本用途：搜索和替换。给定一个正则表达式，它要么匹配一些文本（进行一次搜索），要么匹配并替换一些文本（进行一次替换）。

## 1.2.1 用正则表达式进行搜索

正则表达式的主要用途之一是搜索变化多端的文本，比如刚才描述的搜索单词 car 的场景：你要把 car、CAR、Car 和 CaR 都找出来，但这只是整个问题中比较简单的一部分（有许多搜索工具都可以完成不区分字母大小写的搜索）。比较困难的部分是确保 scar、carry 和 incarcerate 之类的单词不会被匹配到。一些比较高级的编辑器提供了“Match Only Whole Word（仅匹配整个单词）”选项，但还有许多编辑器并不具备这一功能，而你往往无法在正在编辑的文档里做出这种调整。使用正则表达式而不是文本 car 进行搜索就可以解决这个问题。

**提示** 想知道如何解决这个问题吗？你其实已经见过答案了，它就是我们刚才给出的示例语句：\b[Cc][Aa][Rr]\b。

请注意，“相等”（equality）测试（比如说，**用户给出的电子邮件地址是否匹配这个正则表达式**）本质上也是一种搜索操作，这种搜索操作会对用户所提供的整个字符串进行搜索以寻找一个匹配。与此相对的是子串搜索，这是搜索的惯常含义。

## 1.2.2 用正则表达式进行替换

正则表达式搜索的威力极其强大，非常实用，而且比较容易学习和掌握。本书的许多章节和示例都与“匹配”有关。不过，正则表达式的真正威力体现在替换操作方面，比如我们刚才所描述的把 URL 地址字符串替换为可点击 URL 地址的场景：这需要先把相关文本里的 URL 地址字符串找出来（比如说，通过搜索以 http://或 https://开头并以句号、逗号或空白字符结尾的字符串），再把找到的 URL 地址字符串替换为 HTML 的<a href=...> ... </a>元素，如下所示：

```
http://www.forta.com/
```

替换结果：

```
<a href="http://www.forta.com">http://www.forta.com/</a>
```

也许匹配到的文本只是一个地址（例如：www.forta.com），而非完全限定的 URL（fully qualified URL），需要将其转换成：

```
<a href="http://www.forta.com">http://www.forta.com/</a>
```

绝大多数应用程序的“Search and Replace（搜索和替换）”选项都可以实现这种替换操作，但使用正则表达式来完成这个任务将简单得让人难以置信。

## 1.3　什么是正则表达式

现在，你已经知道正则表达式是用来干什么的了，我们再来给它下个定义。简单地说，正则表达式是一些用来匹配和处理文本的字符串。正则表达式是用正则表达式语言创建的，这种语言专门就是为了解决我们前面所描述的种种问题的。与其他程序设计语言一样，正则表达式语言也有必须要学习的特殊语法和指令，这正是本书要教给大家的东西。

正则表达式语言并不是一种完备的程序设计语言，它甚至算不上是一种能够直接安装并运行的程序或实用工具。更准确地说，正则表达式语言是内置于其他语言或软件产品里的“迷你”语言。好在现在几乎所有的语言或工具都支持正则表达式，但是正则表达式与你正在使用的语言或工具可以说毫无相似之处。正则表达式语言虽然也被称为一种语言，但它与人们对语言的印象相去甚远。

**注意**　正则表达式起源于20世纪50年代在数学领域的一些研究工作。几年之后，计算机领域借鉴那些研究工作的成果和思路开发出了Unix世界里的Perl语言和grep等实用工具。多年间，正则表达式仅限于Unix社群（用于解决我们前面所描述的各种问题），但这种情况如今已发生了变化，现在几乎所有的计算平台都以不同的形式对正则表达式提供了支持。

说完这些掌故，我们再来看几个例子。下面都是合法的正则表达式（稍后再解释它们的用途）：

- ❑ `Ben`
- ❑ `.`
- ❑ `www\.forta\.com`

- [a-zA-Z0-9_.]*
- <[Hh]1>.*</[Hh]1>
- \r\n\r\n
- \d{3,3}-\d{3,3}-\d{4,4}

请注意，语法是正则表达式最容易掌握的部分，真正的挑战在于如何运用语法，如何把实际问题分解为可由正则表达式解决的子问题。与学习其他程序设计语言一样，只靠读书是学不会正则表达式的，实践出真知。

## 1.4　使用正则表达式

正如前面解释的那样，不存在所谓的正则表达式程序。它既不是可以直接运行的应用程序，也不是可以从哪里购买或下载下来的软件。在绝大多数的软件产品、编程语言、实用工具和开发环境里，正则表达式语言都已被实现。

正则表达式的使用方法和具体功能在不同的应用程序/语言中各有不同。一般来说，应用程序大多通过菜单选项和对话框来使用正则表达式，而程序设计语言大都通过函数、类或对象提供正则表达式功能。

此外，并非所有的正则表达式实现都是一样的。在不同的应用程序/语言里，正则表达式的语法和功能往往会有明显（有时也不那么明显）的差异。

附录 A 对支持正则表达式的许多应用程序和语言在这方面的细节进行了汇总。在继续学习下一章之前，你应该先熟悉一下附录 A，看看你正在使用的应用程序或语言在正则表达式方面都有哪些与众不同之处。

为了帮助大家尽快入门，我们在这本书的配套网页 http://forta.com/books/0134757068/[1]上准备了正则表达式在线测试工具软件供大家下载。这些在线工具是测试正则表达式的最简单的方法。

## 1.5　在继续学习之前

在继续学习之前，你还应该了解以下几个事实。

---

① 本书中文版网址为 http://ituring.cn/book/2558，欢迎读者提交反馈意见和勘误。

- 在使用正则表达式的时候，你会发现几乎所有的问题都有不止一种解决方案。有的比较简单，有的比较快速，有的兼容性更好，有的功能更全。这么说吧，在编写正则表达式的时候，只有对、错两种选择的情况是相当少见的——同一个问题往往会有多种解决方案。
- 正如前面讲过的那样，正则表达式的不同实现往往会有所差异。在编写本书的时候，我们已尽了最大努力来保证各章里的示例能适用于尽可能多的实现，但有些差异和不兼容是无法回避的，我们针对这种情况都尽可能地进行了注明。
- 与其他程序设计语言一样，学习正则表达式的关键是实践，实践，再实践。

**注意**　强烈建议大家在学习本书的过程中亲自实践每一个示例。

## 1.6　小结

正则表达式是文本处理方面功能最强大的工具之一。正则表达式语言用来构造正则表达式（最终构造出来的字符串就称为正则表达式），正则表达式用来完成搜索和替换操作。

# 第 2 章

# 匹配单个字符

在本章里，你将学习如何简单地匹配一个或多个字符。

## 2.1 匹配普通文本

Ben 是一个正则表达式。因为本身是普通文本（plain text[①]），所以看起来可能不像是一个正则表达式，但它的确是。正则表达式可以包含普通文本（甚至可以只包含普通文本）。当然，这种正则表达式纯粹就是一种浪费，但把它作为我们学习正则表达式的起点还是很不错的。

来看一个例子：

**文本**

```
Hello, my name is Ben. Please visit
my website at http://www.forta.com/.
```

**正则表达式**

```
Ben
```

**结果**

```
Hello, my name is Ben. Please visit
my website at http://www.forta.com/.
```

① 作者在这里使用 plain text 是说这种文本没有什么特殊之处，只代表其字面上的含义，也称为 literal text（字面文本）。此处没有把 plain text 翻译为最常见的“纯文本”，原因在于“纯文本”这个术语多指某种类型的文本文件，这种文本文件中不包含格式化信息，与之对应的是“富文本”（rich text）。为避免产生误解，故将 plain text 翻译为了“普通文本”。——译者注

**分析**

这里使用的是普通文本正则表达式，它将匹配原始文本里的 `Ben`。

> **注意** 在上面的例子中，你看到了匹配到的文本被加上了阴影。我们在本书中都将使用这种格式，这样你就能清楚地看到匹配到了什么内容。

再来看一个例子，它使用了与刚才相同的原始文本和另外一个正则表达式：

**文本**

```
Hello, my name is Ben. Please visit
my website at http://www.forta.com/.
```

**正则表达式**

```
my
```

**结果**

```
Hello, my name is Ben. Please visit
my website at http://www.forta.com/.
```

**分析**

`my` 也是静态文本，它在原始文本里找到了两个匹配结果。

### 2.1.1 有多少个匹配结果

绝大多数正则表达式引擎的默认行为是只返回第一个匹配结果。具体到上面那个例子，原始文本里的第一个 `my` 通常是一个匹配结果，但第二个往往不是。

怎样才能把两个或更多个匹配结果都找出来呢？绝大多数正则表达式的实现都提供了一种能够获得所有匹配结果的机制（通常以数组或是其他的特殊格式形式返回）。比如说，在 JavaScript 里，可选的 `g`（global，全局）标志将返回一个包含所有匹配结果的数组。

**注意** 如果你想知道在你正在使用的语言或工具里如何进行全局匹配，请参阅附录 A。

### 2.1.2 字母的大小写问题

正则表达式是区分字母大小写的，所以 `Ben` 不匹配 `ben`。不过，绝大多数正则表达式的实现也支持不区分字母大小写的匹配操作。比如说，JavaScript 用户可以用 `i` 标志来强制执行不区分字母大小写的搜索。

**注意** 如果你想知道你正在使用的语言或工具里如何进行不区分字母大小写的搜索操作，请参阅附录 A。

## 2.2 匹配任意字符

前面见到的正则表达式匹配的都是静态文本，根本体现不出正则表达式的威力。下面，我们一起来看看如何使用正则表达式去匹配不可预知的字符。

在正则表达式里，特殊字符（或字符集合）用来标示要搜索的东西。`.`字符（英文句号）可以匹配任意单个字符。

于是，正则表达式 `c.t` 可以匹配到 `cat` 和 `cot`（还有一些毫无意义的单词）。

来看一个例子：

**文本**

```
sales1.xls
orders3.xls
sales2.xls
sales3.xls
apac1.xls
europe2.xls
na1.xls
na2.xls
sa1.xls
```

**正则表达式**

```
sales.
```

**结果**

```
sales1.xls
orders3.xls
sales2.xls
sales3.xls
apac1.xls
europe2.xls
na1.xls
na2.xls
sa1.xls
```

**分析**

正则表达式 `sales.` 可以找出所有以字符串 `sales` 起始，后跟另外一个字符的文件名。9 个文件里有 3 个与该模式（pattern）匹配。

> **提示**　人们常用术语**模式**表示实际的正则表达式。

> **注意**　正则表达式使用字符串内容来匹配模式。匹配到的未必总是整个字符串，也可能是与某个模式相匹配的子串。在上面的例子里，我们使用的正则表达式并不能匹配完整的文件名，而是只匹配了其中一部分。如果你需要把某个正则表达式的匹配结果传递到其他代码或应用程序里做进一步处理，就必须记住这种差异。

.字符可以匹配任意单个字符、字母、数字甚至是 .字符本身：

**文本**

```
sales.xls
sales1.xls
orders3.xls
sales2.xls
sales3.xls
apac1.xls
```

```
europe2.xls
na1.xls
na2.xls
sa1.xls
```

**正则表达式**

```
sales.
```

**结果**

```
sales.xls
sales1.xls
orders3.xls
sales2.xls
sales3.xls
apac1.xls
europe2.xls
na1.xls
na2.xls
sa1.xls
```

**分析**

这个例子比上一个多了一个 `sales.xls` 文件。因为.能够匹配任意单个字符，所以模式 `sales.`也匹配该文件。

在同一个正则表达式里允许使用多个.字符，它们既可以共同出现（一个接着一个——..将匹配连续的任意两个字符），也可以分别出现在模式的不同位置。

我们再来看一个使用了相同原始文本的例子：把以 `na`（North America）或 `sa`（South America）开头的文件（不管它们后面跟着什么数字）找出来。

**文本**

```
sales1.xls
orders3.xls
sales2.xls
sales3.xls
apac1.xls
europe2.xls
na1.xls
na2.xls
sa1.xls
```

**正则表达式**

```
.a.
```

**结果**

```
sales1.xls
orders3.xls
sales2.xls
sales3.xls
apac1.xls
europe2.xls
na1.xls
na2.xls
sa1.xls
```

**分析**

正则表达式.a.把 na1、na2 和 sa1 找了出来，但它同时还找到了 4 个预料之外的匹配结果。为什么会这样？因为只要有任意 3 个字符且中间那个字符是 a，该模式就能够匹配。

我们真正需要的是后面再紧跟着一个英文句号的.a.的模式。再来试一次：

**文本**

```
sales1.xls
orders3.xls
sales2.xls
sales3.xls
apac1.xls
europe2.xls
na1.xls
na2.xls
sa1.xls
```

**正则表达式**

```
.a..
```

**结果**

```
sales1.xls
orders3.xls
sales2.xls
sales3.xls
apac1.xls
```

```
europe2.xls
na1.xls
na2.xls
sa1.xls
```

**分析**

.a..并不比.a.好多少，新增加的.将匹配任何一个多出来的字符（不管它是什么）。既然.是一个能够与任意单个字符相匹配的特殊字符，怎样才能搜索.本身呢?

## 2.3 匹配特殊字符

.字符在正则表达式里有着特殊的含义。如果模式里需要一个.，就要想办法来告诉正则表达式你需要的是.字符本身而不是它在正则表达式里的特殊含义。为此，你必须在.的前面加上一个\（反斜杠）字符来对它进行转义。\是一个**元字符**（metacharacter，表示“这个字符有特殊含义，代表的不是字符本身”）。因此，.表示匹配任意单个字符，\.表示匹配.字符本身。

再来验证一次刚才的例子，这次我们使用了\对.进行转义：

**文本**

```
sales1.xls
orders3.xls
sales2.xls
sales3.xls
apac1.xls
europe2.xls
na1.xls
na2.xls
sa1.xls
```

**正则表达式**

```
.a.\.
```

**结果**

```
sales1.xls
orders3.xls
sales2.xls
sales3.xls
```

```
apac1.xls
europe2.xls
na1.xls
na2.xls
sa1.xls
```

**分析**

.a.\.解决了问题。第一个.匹配n（在前两个匹配结果里）或s（在第三个匹配结果里），第二个.匹配1（在第一个和第三个匹配结果里）或2（在第二个匹配结果里）。接下来，\.匹配了分隔文件名与扩展名的字符.本身。

这个例子可以进一步改进：在模式中加入xls，避免匹配到像sa3.doc这样的文件名，就像下面这样：

**文本**

```
sales1.xls
orders3.xls
sales2.xls
sales3.xls
apac1.xls
europe2.xls
na1.xls
na2.xls
sa1.xls
```

**正则表达式**

```
.a.\.xls
```

**结果**

```
sales1.xls
orders3.xls
sales2.xls
sales3.xls
apac1.xls
europe2.xls
na1.xls
na2.xls
sa1.xls
```

在正则表达式里，\字符总是出现在具有特殊含义字符序列的开头，这个序列可以由一个或多个字符构成。刚才看到的是\.，在后续章节里还会看到更多使用了\字符的例子。

**注意**　我们将在第 4 章里对特殊字符的用法做专题讲解。

**注意**　如果需要搜索\本身，就必须对\字符进行转义。相应的转义序列是两个连续的反斜杠字符\\。

**提示**　.可以匹配所有字符？未必。在绝大多数的正则表达式实现里，.就不能匹配换行符。

## 2.4　小结

正则表达式，也被称为模式，其实是一些由字符构成的字符串。这些字符可以是字面字符（普通文本）或元字符（有特殊含义的字符）。在这一章里，我们介绍了如何使用普通文本和元字符去匹配单个字符。.可以匹配任意单个字符。\用来对字符进行转义。在正则表达式里，有特殊含义的字符序列总是以\字符开头。

**第 3 章**

# 匹配一组字符

在本章里，你将学习如何与字符集合打交道。与可以匹配任意单个字符的.字符（参见第 2 章）不同，字符集合能匹配特定的字符和字符区间。

## 3.1 匹配多个字符中的某一个

第 2 章介绍的.字符可以匹配任意单个字符。当时在最后一个例子里，我们使用了.a 来匹配 na 和 sa，使用了.来匹配 n 和 s。现在，如果在那份文件清单里增加了一个名为 ca1.xls 的文件，而你仍只想找出 na 和 sa，该怎么办？别忘了.也能匹配 c，所以文件名 ca1.xls 也会被找出。

**文本**

```
sales1.xls
orders3.xls
sales2.xls
sales3.xls
apac1.xls
europe2.xls
na1.xls
na2.xls
sa1.xls
ca1.xls
```

**正则表达式**

```
.a.\.xls
```

**结果**

```
sales1.xls
orders3.xls
sales2.xls
```

```
sales3.xls
apac1.xls
europe2.xls
na1.xls
na2.xls
sa1.xls
ca1.xls
```

既然只想找出 n 和 s，使用可以匹配任意字符的.显然不行——我们需要的不是匹配任意字符，而是只匹配 n 和 s 这两个字符。在正则表达式里，我们可以使用元字符[和]来定义一个字符集合。在使用[和]定义的字符集合里，出现在[和]之间的所有字符都是该集合的组成部分，必须匹配其中某个成员（但并非全部）。

下面这个例子与第 2 章的最后一个例子相似，但在这次的正则表达式里使用了一个字符集合：

**文本**

```
sales1.xls
orders3.xls
sales2.xls
sales3.xls
apac1.xls
europe2.xls
na1.xls
na2.xls
sa1.xls
ca1.xls
```

**正则表达式**

```
[ns]a.\.xls
```

**结果**

```
sales1.xls
orders3.xls
sales2.xls
sales3.xls
apac1.xls
europe2.xls
na1.xls
na2.xls
sa1.xls
ca1.xls
```

**分析**

这里使用的正则表达式以[ns]开头，这个集合将匹配字符 n 或 s（但不匹配字符 c 或其他字符）。[和]不匹配任何字符，它们只负责定义一个字符集合。接下来，正则表达式里的普通字符 a 匹配字符 a，.匹配一个任意字符，\.匹配.字符本身，普通字符 xls 匹配字符串 xls。从结果上看，这个模式只匹配了 3 个文件名，与我们的预期完全一致。

**注意**　虽然结果正确，但模式[ns]a.\.xls 并非完全正确。如果那份文件清单里还有一个名为 usa1.xls 的文件，它也会被匹配出来（开头的 u 会被忽略，匹配剩余的 sa1.xls）。这里涉及了位置匹配问题，我们将在第 6 章对此做专题讨论。

**提示**　正如看到的那样，对正则表达式进行测试是很有技巧的。验证某个模式能不能获得预期的匹配结果并不困难，但如何验证它不会匹配到你不想要的东西可就没那么简单了。

字符集合在不需要区分字母大小写（或者是只需匹配某个特定部分）的搜索操作里比较常见。比如说：

**文本**

```
The phrase "regular expression" is often
abbreviated as RegEx or regex.
```

**正则表达式**

```
[Rr]eg[Ee]x
```

**结果**

```
The phrase "regular expression" is often
abbreviated as RegEx or regex.
```

**分析**

这里使用的模式包含两个字符集合：[Rr]负责匹配字母 R 和 r，[Ee]负责匹配字母 E 和 e。这个模式可以匹配 RegEx 和 regex，但不匹配 REGEX。

> **提示** 如果你打算进行一次不需要区分字母大小写的匹配，不使用这个技巧也能达到目的。这种模式最适合用在从全局看需要区分字母大小写，但在某个局部不需要区分字母大小写的搜索操作里。

## 3.2 利用字符集合区间

我们再来仔细看看那个从一份文件清单里找出特定文件的例子。我们刚才使用的模式`[ns]a.\.xls`还存在另外一个问题。如果那份文件清单里有一个名为`sam.xls`的文件，结果会怎样？显然，因为`.`可以匹配所有的字符而不是仅限于数字，所以文件`sam.xls`也会出现在匹配结果里。

这个问题可以用一个如下所示的字符集合来解决：

**文本**

```
sales1.xls
orders3.xls
sales2.xls
sales3.xls
apac1.xls
europe2.xls
sam.xls
na1.xls
na2.xls
sa1.xls
ca1.xls
```

**正则表达式**

```
[ns]a[0123456789]\.xls
```

**结果**

```
sales1.xls
orders3.xls
sales2.xls
sales3.xls
apac1.xls
europe2.xls
sam.xls
na1.xls
na2.xls
sa1.xls
ca1.xls
```

**分析**

在这个例子里，我们改用了另外一个模式，这个模式的匹配对象是：第一个字符必须是 n 或 s，第二个字符必须是 a，第三个字符可以是任何一个数字（因为我们使用了字符集合 [0123456789]）。注意，文件名 sam.xls 没有出现在匹配结果里，这是因为 m 与我们给定的字符集合（10 个数字）不相匹配。

在使用正则表达式的时候，会频繁地用到一些字符区间（0~9、A~Z 等）。为了简化字符区间的定义，正则表达式提供了一个特殊的元字符：可以用-（连字符）来定义字符区间。

下面还是刚才那个例子，但我们这次使用了字符区间：

**文本**

```
sales1.xls
orders3.xls
sales2.xls
sales3.xls
apac1.xls
europe2.xls
sam.xls
na1.xls
na2.xls
sa1.xls
ca1.xls
```

**正则表达式**

```
[ns]a[0-9]\.xls
```

**结果**

```
sales1.xls
orders3.xls
sales2.xls
sales3.xls
apac1.xls
europe2.xls
sam.xls
na1.xls
na2.xls
sa1.xls
ca1.xls
```

**分析**

模式[0-9]的功能与[0123456789]完全等价，所以这次的匹配结果与刚才那个例子一模一样。

字符区间并不仅限于数字，以下这些都是合法的字符区间。

- A-Z，匹配从 A 到 Z 的所有大写字母。
- a-z，匹配从 a 到 z 的所有小写字母。
- A-F，匹配从 A 到 F 的所有大写字母。
- A-z，匹配从 ASCII 字符 A 到 ASCII 字符 z 的所有字母。这个模式一般不常用，因为它还包含[和^等在 ASCII 字符表里排列在 Z 和 a 之间的字符。

字符区间的首、尾字符可以是 ASCII 字符表里的任意字符。但在实际工作中，最常用的字符区间还是数字字符区间和字母字符区间。

**提示** 在定义一个字符区间的时候，一定要避免让这个区间的尾字符小于它的首字符（例如[3-1]）。这种区间是没有意义的，而且往往会让整个模式失效。

**注意** -（连字符）是一个特殊的元字符，它只有出现在[和]之间的时候才是元字符。在字符集合以外的地方，-只是一个普通字符，只能与-本身相匹配。因此，在正则表达式里，-字符不需要被转义。

在同一个字符集合里可以给出多个字符区间。比如说，下面这个模式可以匹配任何一个字母（无论大小写）或数字，但除此以外的其他字符（既不是数字也不是字母的字符）都不匹配：

```
[A-Za-z0-9]
```

这个模式是下面这个字符集合的简写形式：

```
[ABCDEFGHIJKLMNOPQRSTUVWXYZabcde
➥fghijklmnopqrstuvwxyz0123456789]
```

如你所见，字符范围使得正则表达式的语法变得简洁多了。

下面是另一个例子，这次要查找的是RGB值（用一个十六进制数字给出的红、绿、蓝三基色的组合值，计算机可以根据RGB值把有关的文字或图象显示为由这三种颜色按给定比例调和出来的色彩）。在网页里，RGB值是以#000000（黑色）、#ffffff（白色）、#ff0000（红色）的形式给出的。RGB值用大写或小写字母给出均可，所以#FF00ff（品红色）也是合法的RGB值。下面是取自CSS文件中的一个例子：

**文本**

```
body {
   background-color: #fefbd8;
}
h1 {
   background-color: #0000ff;
}
div {
   background-color: #d0f4e6;
}
span {
   background-color: #f08970;
}
```

**正则表达式**

```
#[0-9A-Fa-f][0-9A-Fa-f][0-9A-Fa-f][0-9A-Fa-f][0-9A-Fa-f][0-9A-Fa-f]
```

**结果**

```
body {
   background-color: #fefbd8;
}
h1 {
   background-color: #0000ff;
}
div {
   background-color: #d0f4e6;
}
span {
   background-color: #f08970;
}
```

**分析**

这里使用的模式以普通字符`#`开头，随后是6个同样的`[0-9A-Fa-f]`

字符集合。这将匹配一个由字符#开头，然后是6个数字或字母A到F（大小写均可）的字符串。

## 3.3 排除

字符集合通常用来指定一组必须匹配其中之一的字符。但在某些场合，我们需要反过来做，即指定一组不需要匹配的字符。换句话说，**就是排除字符集合里指定的那些字符**。

不用逐个列出你要匹配的字符（如果只是要把一小部分字符排除在外的话，这种写法就太冗长了），可以使用元字符^来排除某个字符集合。下面来看一个例子：

**文本**

```
sales1.xls
orders3.xls
sales2.xls
sales3.xls
apac1.xls
europe2.xls
sam.xls
na1.xls
na2.xls
sa1.xls
ca1.xls
```

**正则表达式**

```
[ns]a[^0-9]\.xls
```

**结果**

```
sales1.xls
orders3.xls
sales2.xls
sales3.xls
apac1.xls
europe2.xls
sam.xls
na1.xls
na2.xls
sa1.xls
ca1.xls
```

分析

这个例子里使用的模式与前面的例子里使用的模式刚好相反。前面[0-9]只匹配数字，而这里[^0-9]匹配的是任何不是数字的字符，也就是说，[ns]a[^0-9]\.xls 将匹配 sam.xls，但不匹配 na1.xls、na2.xls 或 sa1.xls。

**注意**　^的效果将作用于给定字符集合里的所有字符或字符区间，而不是仅限于紧跟在^字符后面的那一个字符或字符区间。

## 3.4 小结

元字符[和]用来定义一个字符集合，其含义是必须匹配该集合里的字符之一（各个字符之间是 OR 的关系，而不是 AND 的关系）。定义一个字符集合的具体做法有两种：一是把所有的字符都列举出来；二是利用元字符-以字符区间的方式给出。可以用元字符^排除字符集合，强制匹配指定字符集合之外的字符。

# 第 4 章

# 使用元字符

本书第 2 章介绍过元字符。本章将学习如何使用更多的元字符去匹配特定的字符或字符类型。

## 4.1 再谈转义

在介绍其他元字符的用法之前，我认为很有必要再谈谈之前讲过的转义问题。

元字符是一些在正则表达式里有着特殊含义的字符。英文句号（.）是一个元字符，它可以用来匹配任意单个字符（详见第 2 章）。类似地，左方括号（[）也是一个元字符，它标志着一个字符集合的开始（详见第 3 章）。

因为元字符在正则表达式里有着特殊的含义，所以这些字符就无法用来代表它们本身。比如说，你不能使用 [来匹配[本身，也不能使用.来匹配.本身。来看一个例子，我们打算用一个正则表达式去匹配一个包含[和]字符的 JavaScript 数组：

文本

```
var myArray = new Array();
...
if (myArray[0] == 0) {
...
}
```

正则表达式

```
myArray[0]
```

**结果**

```
var myArray = new Array();
...
if (myArray[0] == 0) {
...
}
```

**分析**

在这个例子里，原始文本是一段（或一部分）JavaScript 代码，在文本编辑器中你可能会用到正则表达式。我们的本意是用这个正则表达式把代码里的 `myArray[0]` 找出来，结果却大相径庭。为什么会这样？因为 `[` 和 `]` 在正则表达式里是用来定义一个字符集合（而不是 `[` 和 `]` 本身）的元字符，所以，`myArray[0]` 匹配的是 `myArray` 后面跟着一个该集合成员的情况，而那个集合只有一个成员 `0`。因此，`myArray[0]` 只能匹配到 `myArray0`。

正如我们在第 2 章解释的那样，在元字符的前面加上一个反斜杠就可以对它进行转义。因此，`\.` 匹配 `.`，`\[` 匹配 `[`。每个元字符都可以通过在前面加上一个反斜杠的方法来转义，这样匹配的就是该字符本身而不是其特殊的元字符含义。要想匹配 `[` 和 `]`，就必须对这两个字符进行转义。下面的例子与刚才的问题完全一样，但我们这次对正则表达式里的元字符都进行了转义：

**文本**

```
var myArray = new Array();
...
if (myArray[0] == 0) {
...
}
```

**正则表达式**

```
myArray\[0\]
```

**结果**

```
var myArray = new Array();
...
if (myArray[0] == 0) {
...
}
```

分析

这次搜索取得了预期的结果。`\[`匹配`[`，`\]`匹配`]`，所以`myArray\[0\]`匹配到了`myArray[0]`。

在这个例子中使用正则表达式多少有些大材小用了，因为一个简单的文本匹配操作已足以完成这一任务，而且还更容易。但如果你想查找的不仅仅是`myArray[0]`，还包括`myArray[1]`、`myArray[2]`等，正则表达式就能派上用场了。具体做法是，对`[`和`]`进行转义，再在两者之间列出要匹配的字符。如果你想匹配数组元素`0`到`9`，那么构造出来的正则表达式应该是下面这个样子：

```
myArray\[[0-9]\]
```

**提示** 不仅仅是我们提到的这些，任何一个元字符都可以通过在前面加上一个反斜杠字符（\）进行转义。

**警告** 配对的元字符（比如`[`或`]`）不用作元字符时必须被转义，否则正则表达式解析器很可能会抛出一个错误。

对元字符进行转义需要用到`\`字符。这意味着`\`字符也是一个元字符，它的特殊含义是对其他元字符进行转义。正如你在第 2 章看到的那样，在需要匹配`\`本身的时候，我们必须把它转义为`\\`。

看看下面这个简单的例子。例子中的文本是一个包含反斜杠字符的文件路径（用于 Windows 系统）。假设我们想在一个 Linux 系统上使用这个路径，也就是说，需要把这个路径里的反斜杠字符（`\`）全部替换为斜杠字符（`/`）：

文本

```
\home\ben\sales\
```

正则表达式

```
\\
```

**结果**

`\home\ben\sales\`

**分析**

`\\`匹配`\`，总共找到了4处匹配。如果你在正则表达式里只写出了一个`\`，应该会看到一条出错消息。这是因为正则表达式解析器认为你的正则表达式不完整。毕竟，在正则表达式中，字符`\`的后面总是跟着另一个字符。

## 4.2　匹配空白字符

元字符大致可以分为两种：一种是用来匹配文本的（比如`.`），另一种是正则表达式语法的组成部分（比如`[`和`]`）。随着学习的深入，你将发现越来越多的这两种元字符，而我们现在要介绍的是一些用来匹配空白字符的元字符。

在进行正则表达式搜索的时候，我们经常会需要匹配文本中的非打印空白字符。比如说，你可能想把所有的制表符或换行符找出来。直接在正则表达式中输入这类字符是件棘手的事（至少可以这么说），你可以借助表4-1中列出的特殊元字符。

**表4-1　空白元字符**

| 元字符 | 说　明 |
| --- | --- |
| `[\b]` | 回退（并删除）一个字符（Backspace键） |
| `\f` | 换页符 |
| `\n` | 换行符 |
| `\r` | 回车符 |
| `\t` | 制表符（Tab键） |
| `\v` | 垂直制表符 |

来看一个例子。下面的文本中包含一些以逗号分隔的数据记录（通常称为CSV）。在进一步处理这些记录之前，你得先把夹杂在这些数据里的空白行去掉。示例如下：

**文本**

```
"101","Ben","Forta"
"102","Jim","James"

"103","Roberta","Robertson"
"104","Bob","Bobson"
```

**正则表达式**

```
\r\n\r\n
```

**结果**

```
"101","Ben","Forta"
"102","Jim","James"

"103","Roberta","Robertson"
"104","Bob","Bobson"
```

**分析**

`\r\n`匹配一个“回车（carriage return）+换行（line feed）”组合，有许多操作系统（比如 Windows）都把这个组合用作文本行的结束标记。因此，搜索`\r\n\r\n`将匹配两个连续的行尾标记，而这正是两条记录之间的空白行。

> **提示** 我刚刚说过，`\r\n`是 Windows 系统所使用的文本行结束标记。而 Unix/Linux 系统以及 Mac OS X[①] 系统只使用了一个换行符。换句话说，在这些系统上匹配空白行只使用`\n`即可，不需要加上`\r`。理想的正则表达式应该能够适应这两种情况：包含一个可选的`\r`和一个必须被匹配的`\n`。[②]你会在下一章重新看到这个例子。

---

① 此处将苹果公司的操作系统称为Mac OS X，这种叫法不够准确，特作说明：2012 年，苹果公司将 Mac OS X 更名为 OS X，第一个使用此命名的系统是“OS X Mountain Lion”。2016 年 6 月，苹果公司宣布将 OS X 更名为 macOS，以便与苹果其他操作系统（iOS、watchOS 和 tvOS）保持统一的命名风格。最新版本 macOS Catalina 于 2019 年 6 月 3 日发布。——译者注

② 此处关于“文本行结束标记”的说法不够准确，特此补充：`\r\n`是 Windows 系统所使用的文本行结束标记，Unix 及类 Unix 系统（Linux、macOS、FreeBSD、AIX、Xenix 等）使用`\n`作为文本行结束标记。需要注意的是，经典 Mac OS（classic Mac OS，这是苹果公司于 1984 年至 2001 年期间研发的操作系统系列）使用的是`\r`。因此，在使用正则表达式匹配行尾标记时，一定要注意文本文件所在的操作系统。——译者注

一般来说，需要匹配\r、\n和\t（制表符）等空白字符的情况比较多见，而需要匹配其他空白字符的情况要相对少一些。

注意　你已经见过了一些元字符。.和[是元字符，但前提是你没有对它们进行转义。只有对f和n转义后，它们才是元字符。否则，两者只是普通字符，只能匹配它们本身。

## 4.3　匹配特定的字符类型

到目前为止，你已经见过如何匹配特定的字符、如何匹配任意单个字符（用.）、如何匹配一组字符中的某一个（用[和]）以及如何进行排除（用^）。字符集合（匹配一组字符中的某一个）是最常见的匹配形式，而一些常用的字符集合可以用特殊元字符来代替。这些元字符匹配的是某一类字符。类元字符（class metacharacter）并不是必不可少的东西（你总是可以通过逐一列举有关字符或是通过定义一个字符区间来实现相同的效果），但你一定会发现它们在实践中极其有用。

注意　下面讲解的都是一些最基本的字符类，几乎所有的正则表达式实现都支持它们。

### 4.3.1　匹配数字（与非数字）

我们在第3章讲过，[0-9]是[0123456789]的简写形式，可以用来匹配任何一个数字。如果你想匹配的是除数字以外的其他东西，那么把这个集合“反”过来写成[^0-9]就行了。表4-2列出了用来匹配数字和非数字的字符类。

表4-2　数字元字符

| 元字符 | 说　明 |
| --- | --- |
| \d | 任何一个数字字符（等价于[0-9]） |
| \D | 任何一个非数字字符（等价于[^0-9]） |

为了演示这些元字符的用法，我们来看一个在前面见过的例子：

**文本**

```
var myArray = new Array();
...
if (myArray[0] == 0) {
...
}
```

**正则表达式**

```
myArray\[\d\]
```

**结果**

```
var myArray = new Array();
...
if (myArray[0] == 0) {
...
}
```

**分析**

\[匹配[，\d匹配任意单个数字字符，\]匹配]，所以myArray\[\d\]匹配myArray[0]。myArray\[\d\]是myArray\[[0-9]\]的简写形式，而后者又是myArray\[[0123456789]\]的简写形式。这个正则表达式还可以匹配myArray[1]、myArray[2]，等等（但不包括myArray[10]）。

**提示** 如你所见，正则表达式的写法几乎总是不止一种。挑选你自己觉得最舒服的那种即可。

**警告** 正则表达式的语法是区分字母大小写的。\d匹配数字，\D与\d的含义刚好相反，只匹配非数字。接下来将看到的其他类元字符也是如此。

即便是执行不区分字母大小写的匹配，也是如此。在这种情况下，匹配到的文本不区分字母大小写，但特殊字符（比如\d）会区分。

### 4.3.2 匹配字母数字（与非字母数字）

另一种频繁用到的字符集合是字母数字字符（alphanumeric character），其中包括：A到Z（大写和小写）、数字0到9，以及_（常用于文件名和目录名、应用程序变量名、数据库对象名等）。表4-3列出了用来匹配字母数字和非字母数字的字符类。

表4-3　字母数字元字符

| 元字符 | 说　明 |
|---|---|
| \w | 任何一个字母数字字符（大小写均可）或下划线字符（等价于[a-zA-Z0-9_]） |
| \W | 任何一个非字母数字或非下划线字符（等价于[^a-zA-Z0-9_]） |

下面这个例子取自某个包含美国和加拿大城市邮政编码[①]记录的数据库：

**文本**

```
11213
A1C2E3
48075
48237
M1B4F2
90046
H1H2H2
```

**正则表达式**

```
\w\d\w\d\w\d
```

**结果**

```
11213
A1C2E3
48075
48237
M1B4F2
90046
H1H2H2
```

**分析**

在这个模式里，交替出现的\w和\d元字符使得匹配结果里只包含加拿大城市的邮政编码。

① 美国和加拿大城市邮政编码规则参见本书第11章。——编者注

注意　在上面这个例子里，正则表达式解决了我们的问题。但它正确吗？请大家思考一下，为什么没有匹配美国的邮政编码？是因为其只包含数字，还是因为什么其他原因？

我们不打算给出这个问题的答案，因为这个模式解决了问题。这里的关键在于正则表达式很少有对错之分（当然，前提是它们能解决问题）。更多的时候，正则表达式的复杂程度取决于模式匹配的严格程度。

### 4.3.3　匹配空白字符（与非空白字符）

最后要介绍的是空白字符类。在本章前面的内容里，你已经知道了用于匹配特定空白字符的元字符。表 4-4 列出了用来匹配所有空白字符的字符类。

表 4-4　空白字符元字符

| 元字符 | 说　明 |
|---|---|
| `\s` | 任何一个空白字符（等价于`[\f\n\r\t\v]`） |
| `\S` | 任何一个非空白字符（等价于`[^\f\n\r\t\v]`） |

注意　用来匹配退格字符的`[\b]`元字符不在`\s`的覆盖范围内，`\S`也没有将其排除。

### 4.3.4　匹配十六进制或八进制数值

尽管你可能不需要通过十六进制或八进制值来引用某个字符，但要指出的是，这么做是可以的。

#### 1. 使用十六进制值

在正则表达式里，十六进制值（基数为 16）要用前缀`\x`来给出。比如说，`\x0A`（对应于 ASCII 字符 `10`，也就是换行符）等价于`\n`。

#### 2. 使用八进制值

在正则表达式里，八进制值（基数为 8）要用前缀`\0`来给出，数值本身可以是两位或三位数字。比如说，\011（对应于 ASCII 字符 9，也就是制表符）等价于\t。

**注意** 有不少正则表达式实现还允许使用\c 前缀来指定各种控制字符。比如说，\cZ 可以匹配 Ctrl-Z。不过，在实践中，极少会用到这种语法。

## 4.4 使用POSIX字符类

对元字符以及各种字符集合进行的讨论，必须要提到 POSIX 字符类。POSIX 是一种特殊的标准字符类集，也是许多（但不是所有）正则表达式实现都支持的一种简写形式。表 4-5 列出了 12 个 POSIX 字符类。

表 4-5 POSIX 字符类

| 字符类 | 说　明 |
|---|---|
| [:alnum:] | 任何一个字母或数字（等价于[a-zA-Z0-9]） |
| [:alpha:] | 任何一个字母（等价于[a-zA-Z]） |
| [:blank:] | 空格或制表符（等价于[\t ][1]） |
| [:cntrl:] | ASCII 控制字符（ASCII 0 到 31，再加上 ASCII 127） |
| [:digit:] | 任何一个数字（等价于[0-9]） |
| [:graph:] | 和[:print:]一样，但不包括空格 |
| [:lower:] | 任何一个小写字母（等价于[a-z]） |
| [:print:] | 任何一个可打印字符 |
| [:punct:] | 既不属于[:alnum:]，也不属于[:cntrl:]的任何一个字符 |
| [:space:] | 任何一个空白字符，包括空格（等价于[\f\n\r\t\v ][2]） |
| [:upper:] | 任何一个大写字母（等价于[A-Z]） |
| [:xdigit:] | 任何一个十六进制数字（等价于[a-fA-F0-9]） |

**注意** JavaScript 不支持在正则表达式里使用 POSIX 字符类。

POSIX 语法与我们此前见过的元字符大不一样。为了演示 POSIX 字符类的用法，我们来看一个前一章里的例子——利用正则表达式从一段 HTML 代码里把 RGB 值查找出来：

① 注意，字母 t 后有一个空格。——译者注

② 注意，字母 v 后有一个空格。——译者注

**文本**

```
body {
  background-color: #fefbd8;
}
h1 {
  background-color: #0000ff;
}
div {
  background-color: #d0f4e6;
}
span {
  background-color: #f08970;
}
```

**正则表达式**

```
#[[:xdigit:]][[:xdigit:]][[:xdigit:]][[:xdigit:]][[:xdigit:]]
➥[[:xdigit:]]
```

**结果**

```
body {
  background-color: #fefbd8;
}
h1 {
  background-color: #0000ff;
}
div {
  background-color: #d0f4e6;
}
span {
  background-color: #f08970;
}
```

**分析**

在前一章里使用的模式是重复写出的 6 个[0-9A-Fa-f]字符集合，把各个[0-9A-Fa-f]全部替换为[[:xdigit:]]就得到了这里的模式。它们的匹配结果完全一样。

**注意** 这里使用的模式以[[开头、以]]结束（两对方括号）。这是使用 POSIX 字符类所必需的，这点很重要。POSIX 字符类必须出现在[:和:]之间，我们使用的 POSIX 字符类是[:xdigit:]（不是:xdigit:）。外层的[和]字符用来定义一个字符集合，内层的[和]字符是 POSIX 字符类本身的组成部分。

**警告** 一般来说，支持 POSIX 标准的正则表达式实现都支持表 4-5 所列出的 POSIX 字符类，但在一些细节方面可能与之前的描述有细微的差异。

## 4.5 小结

在第 2 章和第 3 章对字符和字符集合进行匹配操作的基础上，这一章介绍了匹配特定字符（制表符、换行符等）或字符集合或字符类（数字、字母数字字符等）的元字符。这些简写的元字符和 POSIX 字符类可以用来简化正则表达式模式。

# 第 5 章

# 重复匹配

在前几章里，我们学习了如何使用各种元字符和特殊的字符集合去匹配单个字符。本章将学习如何匹配多个连续重复出现的字符或字符集合。

## 5.1 有多少个匹配

你现在已经学会了正则表达式模式匹配的基础知识，但目前所有的例子都有一个非常严重的局限。请大家思考一下，如何构造一个匹配电子邮件地址的正则表达式。电子邮件地址的基本格式如下所示：

```
text@text.text
```

利用前一章讨论的元字符，你可能会写出这样的正则表达式：

```
\w@\w\.\w
```

`\w` 可以匹配所有的字母数字字符（以及下划线字符_，这个字符在电子邮件地址里是有效的）；`@`字符不需要被转义，但`.`字符需要。

这个正则表达式本身没有任何错误，可它几乎没有任何实际的用处。它只能匹配形如 `a@b.c` 的电子邮件地址（虽然在语法方面没有任何问题，但这显然不是一个有效地址）。问题在于`\w` 只能匹配单个字符，而我们无法预知电子邮件地址的各个字段会有多少个字符。举个最简单的例子，下面这些都是有效的电子邮件地址，但它们在`@`前面的字符个数都不一样：

```
b@forta.com
ben@forta.com
bforta@forta.com
```

你需要的是想办法能够匹配多个字符，这可以通过使用几种特殊的元字符来做到。

### 5.1.1　匹配一个或多个字符

要想匹配某个字符（或字符集合）的一次或多次重复，只要简单地在其后面加上一个+字符就行了。+匹配一个或多个字符（至少一个；不匹配零个字符的情况）。比如，a 匹配 a 本身，a+匹配一个或多个连续出现的 a。类似地，[0-9]匹配任意单个数字，[0-9]+匹配一个或多个连续的数字。

**提示**　在给一个字符集合加上+后缀的时候，必须把+放在这个字符集合的外面。比如说，[0-9]+是正确的，[0-9+]则不正确。

[0-9+]其实也是一个有效的正则表达式，但它匹配的不是一个或多个数字，它定义了一个由数字 0 到 9 和+构成的字符集合，因而只能匹配单个的数字字符或加号。虽然有效，但它并不是我们需要的东西。

重新回到电子邮件地址的例子，我们这次使用+来匹配一个或多个字符：

**文本**

```
Send personal email to ben@forta.com. For questions
about a book use support@forta.com. Feel free to send
unsolicited email to spam@forta.com (wouldn't it be
nice if it were that simple, huh?).
```

**正则表达式**

```
\w+@\w+\.\w+
```

**结果**

```
Send personal email to ben@forta.com. For questions
about a book use support@forta.com. Feel free to send
unsolicited email to spam@forta.com (wouldn't it be
nice if it were that simple, huh?).
```

分析

该模式正确地匹配到了所有的 3 个电子邮件地址。这个正则表达式先用第一个\w+匹配一个或多个字母数字字符，再用第二个\w+匹配@后面的一个或多个字符，然后匹配一个.字符（使用转义序列\.），最后用第三个\w+匹配电子邮件地址的剩余部分。

**提示** +是一个元字符。如果需要匹配+本身，就必须使用转义序列\+。

+还可以用来匹配一个或多个字符集合。为了演示这种用法，我们在下面这个例子里使用了和刚才一样的正则表达式，但文本内容和上一个例子中稍有不同：

文本

```
Send personal email to ben@forta.com or
ben.forta@forta.com. For questions about a
book use support@forta.com. If your message
is urgent try ben@urgent.forta.com. Feel
free to send unsolicited email to
spam@forta.com (wouldn't it be nice if
it were that simple, huh?).
```

正则表达式

```
\w+@\w+\.\w+
```

结果

```
Send personal email to ben@forta.com or
ben.forta@forta.com. For questions about a
book use support@forta.com. If your message
is urgent try ben@urgent.forta.com. Feel
free to send unsolicited email to
spam@forta.com (wouldn't it be nice if
it were that simple, huh?).
```

分析

这个正则表达式匹配到了 5 个电子邮件地址，但其中有 2 个不够完整。为什么会这样？因为\w+@\w+\.\w+并没有考虑到@之前的.字符，它只允许@之后的两个字符串之间出现单个.字符。尽管 ben.forta@forta.com

是一个完全有效的电子邮件地址，但该正则表达式只能匹配 forta（而不是 ben.forta），因为\w 只能匹配字母数字字符，无法匹配出现在字符串中间的.字符。

在这里，需要匹配\w 或.。用正则表达式语言来说，就是匹配字符集合[\w.]。下面是改进版本：

**文本**

```
Send personal email to ben@forta.com or
ben.forta@forta.com. For questions about a
book use support@forta.com. If your message
is urgent try ben@urgent.forta.com. Feel
free to send unsolicited email to
spam@forta.com (wouldn't it be nice if
it were that simple, huh?).
```

**正则表达式**

```
[\w.]+@[\w.]+\.\w+
```

**结果**

```
Send personal email to ben@forta.com or
ben.forta@forta.com. For questions about a
book use support@forta.com. If your message
is urgent try ben@urgent.forta.com. Feel
free to send unsolicited email to
spam@forta.com (wouldn't it be nice if
it were that simple, huh?).
```

**分析**

新的正则表达式看起来用了些技巧。[\w.]+匹配字母数字字符、下划线和.的一次或多次重复出现，而 ben.forta 完全符合这一条件。@字符之后也用到了[\w.]+，这样就可以匹配到层级更深的域（或主机）名。

**注意** 这个正则表达式的最后一部分是\w+而不是[\w.]+，你知道这是为什么吗？如果把[\w.]用作这个模式的最后一部分，在第二、第三和第四个匹配上就会出问题，你不妨试试看。

**注意** 你可能已经注意到了：我们没有对字符集合[\w.]里的.字符进行转义，但依然能够匹配.字符。一般来说，当在字符集合里使用的时候，像.和+这样的元字符将被解释为普通字符，不需要转义，但转义了也没有坏处。[\w.]的使用效果与[\w\.]是一样的。

## 5.1.2 匹配零个或多个字符

+匹配一个或多个字符，但不匹配零个字符，+最少也要匹配一个字符。那么，如果你想匹配一个可有可无的字符，也就是该字符可以出现零次或多次的情况，该怎么办呢？

这种匹配需要用*元字符来完成。*的用法与+完全一样，只要把它放在某个字符（或字符集合）的后面，就可以匹配该字符（或字符集合）出现零次或多次的情况。比如说，模式 `B.* Forta` 将匹配 `B Forta`、`B. Forta`、`Ben Forta` 以及其他组合。

为了演示+的用法，来看一个修改版的电子邮件地址示例：

**文本**

```
Hello .ben@forta.com is my email address.
```

**正则表达式**

```
[\w.]+@[\w.]+\.\w+
```

**结果**

```
Hello .ben@forta.com is my email address.
```

**分析**

[\w.]+匹配字母数字字符、下划线和.的一次或多次重复出现，而.ben完全符合这一条件。这显然是一个打字错误（文本里多了一个.），不过这无关紧要。更大的问题在于，尽管.是电子邮件地址里的有效字符，但把它用作电子邮件地址的第一个字符就无效了。

换句话说，你需要匹配的其实是带有可选的额外字符的字母数字文本，就像下面这样：

文本

```
Hello .ben@forta.com is my email address.
```

正则表达式

```
\w+[\w.]*@[\w.]+\.\w+
```

结果

```
Hello .ben@forta.com is my email address.
```

分析

这个模式看起来更难懂了（正则表达式的外表往往比实际看起来复杂），我们一起来看看吧。\w+匹配任意单个字母数字字符，但不包括.（这些是可以作为电子邮件地址起始的有效字符）。经过开头部分若干个有效字符之后，也许会出现一个.和其他额外的字符，不过也可能没有。[\w.]*匹配.或字母数字字符的零次或多次重复出现，这正是我们所需要的。

**注意**　可以把*理解为一种“使其可选”（make it optional）的元字符。+需要最少匹配一次，而*可以匹配多次，也可以一次都不匹配。

**提示**　*是一个元字符。如果需要匹配*本身，就必须使用转义序列*。

### 5.1.3　匹配零个或一个字符

另一个非常有用的元字符是?。和+一样，?能够匹配可选文本（所以就算文本没有出现，也可以匹配）。但与+不同，?只能匹配某个字符（或字符集合）的零次或一次出现，最多不超过一次。?非常适合匹配一段文本中某个特定的可选字符。

请看下面这个例子：

文本

```
The URL is http://www.forta.com/, to connect
securely use https://www.forta.com/ instead.
```

**正则表达式**

```
http:\/\/[\w.\/]+
```

**结果**

```
The URL is http://www.forta.com/, to connect
securely use https://www.forta.com/ instead.
```

**分析**

该模式用来匹配 URL 地址：`http:\/\/`（包含两个转义斜杠，因此匹配普通文本）加上`[\w.\/]+`（匹配字母数字字符、`.`和`/`的一次或多次重复出现）。这个模式只能匹配第一个 URL 地址（以`http://`开头的那个），不能匹配第二个（以`https://`开头的那个）。简单地在`http`的后面加上一个`s*`（`s`的零次或多次重复）并不能真正解决这个问题，因为这样也能匹配`httpsssss://`（显然是无效的 URL）。

怎么办？可以在`http`的后面加上一个`s?`，看看下面这个例子：

**文本**

```
The URL is http://www.forta.com/, to connect
securely use https://www.forta.com/ instead.
```

**正则表达式**

```
https?:\/\/[\w.\/]+
```

**结果**

```
The URL is http://www.forta.com/, to connect
securely use https://www.forta.com/ instead.
```

**分析**

该模式的开头部分是`https?:\/\/`。`?`在这里的含义是：前面的字符（`s`）要么不出现，要么最多出现一次。换句话说，`https?:\/\/`既可以匹配`http://`，也可以匹配`https://`（仅此而已）。

`?`还可以顺便解决 4.2 节里的一个问题。当时我们使用`\r\n`匹配行尾标记，而且我还说过，在 Unix 或 Linux 系统上得使用`\n`（不包括`\r`），理想的解决方案是匹配一个可选的`\r`和一个`\n`。下面还是那个例子，但这次使用的正则表达式略有不同：

文本

```
"101","Ben","Forta"
"102","Jim","James"

"103","Roberta","Robertson"
"104","Bob","Bobson"
```

正则表达式

```
[\r]?\n[\r]?\n
```

结果

```
"101","Ben","Forta"
"102","Jim","James"

"103","Roberta","Robertson"
"104","Bob","Bobson"
```

分析

[\r]?\n 匹配一个可选的\r 和一个必不可少的\n。

**提示**　你应该已经注意到了，上面这个例子里的正则表达式使用的是[\r]?而不是\r?。[\r]定义了一个字符集合，该集合只有元字符\r 这一个成员，因而[\r]?在功能上与\r?完全等价。[ ]的常规用法是把多个字符定义为一个集合，但有不少程序员喜欢把一个字符也定义为一个集合。这么做的好处是可以增加可读性和避免产生误解，让人们一眼就可以看出随后的元字符应用于谁。如果你打算同时使用[ ]和?，记得把?放在字符集合的外面。因此，http[s]?://是正确的，若是写成 http[s?]://可就不对了。

**提示**　?是一个元字符。如果需要匹配?本身，就必须使用转义序列\?。

## 5.2　匹配的重复次数

正则表达式里的+、*和?解决了许多问题，但有时候光靠它们还不够。请思考以下问题。

- +和*匹配的字符个数没有上限。我们无法为其匹配的字符个数设定一个最大值。
- +、*和?匹配的字符最小数量是零个或一个。我们无法明确地为其匹配的字符个数另行设定一个最小值。
- 我们无法指定具体的匹配次数。

为了解决这些问题并对重复性匹配有更多的控制权，正则表达式允许使用**重复范围**（interval）。重复范围在{和}之间指定。

**注意** {和}是元字符。如果需要匹配自身，就应该用\对其进行转义。值得一提的是，即使你没有对{和}进行转义，大部分正则表达式实现也能正确地处理它们（根据具体情况把它们解释为普通字符或元字符）。话虽如此，为了避免不必要的麻烦，最好不要依赖这种行为。在需要把{和}当作普通字符来匹配的场合，应该对其进行转义。

### 5.2.1 具体的重复匹配

要想设置具体的匹配次数，把数字写在{和}之间即可。比如说，{3}意味着匹配前一个字符（或字符集合）3 次。如果只能匹配 2 次，则不算是匹配成功。

为了演示这种用法，我们再来看一下匹配 RGB 值的例子（请对照第 3 章和第 4 章里的类似例子）。你应该记得，RGB 值是一个十六进制数值，这个值分成 3 个部分，每个部分包括两位十六进制数字。下面是我们在第 3 章里用来匹配 RGB 值的模式：

```
#[0-9A-Fa-f][0-9A-Fa-f][0-9A-Fa-f][0-9A-Fa-f][0-9A-Fa-f][0-9A-Fa-f]
```

下面是我们在第 4 章里用来匹配 RGB 值的模式，它使用了 POSIX 字符类：

```
#[[:xdigit:]][[:xdigit:]][[:xdigit:]][[:xdigit:]][[:xdigit:]]
➥[[:xdigit:]]
```

这两个模式的问题在于你不得不重复写出 6 次相同的字符集合（或 POSIX 字符类）。下面是一个同样的例子，但我们这次使用了区间匹配：

**文本**

```
body {
   background-color: #fefbd8;
}
h1 {
   background-color: #0000ff;
}
div {
   background-color: #d0f4e6;
}
span {
   background-color: #f08970;
}
```

**正则表达式**

```
#[A-Fa-f0-9]{6}
```

**结果**

```
body {
   background-color: #fefbd8;
}
h1 {
   background-color: #0000ff;
}
div {
   background-color: #d0f4e6;
}
span {
   background-color: #f08970;
}
```

**分析**

`[A-Fa-f0-9]`匹配单个十六进制字符，`{6}`要求重复匹配该字符6次。区间匹配的用法也适用于POSIX字符类。

### 5.2.2 区间范围

`{}`语法还可以用来为重复匹配次数设定一个区间范围，也就是匹配的最小次数和最大次数。区间必须以`{2,4}`（最少重复2次，最多重复4次）这样的形式给出。在下面的例子里，我们将使用一个这样的正则表达式来检查日期的格式：

**文本**

```
4/8/17
10-6-2018
2/2/2
01-01-01
```

**正则表达式**

```
\d{1,2}[-\/]\d{1,2}[-\/]\d{2,4}
```

**结果**

```
4/8/17
10-6-2018
2/2/2
01-01-01
```

**分析**

这里列出的日期是一些由用户可能通过表单字段输入的值，这些值必须先进行验证，确保格式正确。`\d{1,2}`匹配一个或两个数字字符（匹配天数和月份）；`\d{2,4}`匹配年份；`[-\/]`（请注意，这个`\/`其实是一个`\`和一个`/`）匹配日期分隔符-或`/`。我们总共匹配到了 3 个日期值，但`2/2/2`不在此列（因为它的年份太短了）。

**提示** 在这个例子里，我们使用了`/`的转义序列`\/`。这在许多正则表达式实现里是不必要的，但有些正则表达式解析器要求必须这样做。为避免不必要的麻烦，在需要匹配`/`字符本身的时候，最好总是使用它的转义序列。

注意，上面这个例子里的模式并不能验证日期的有效性，诸如`54/67/9999`之类的无效日期也能通过这一测试。它只能用来检查日期值的格式是否正确（这一环节通常安排在日期有效性验证之前）。

**注意** 重复范围也可以从 0 开始。比如，`{0,3}`表示重复次数可以是 0、1、2 或 3。我们曾经讲过，`?`匹配它之前某个字符（或字符集合）的零次或一次出现。因此，从效果上看，其等价于`{0,1}`。

### 5.2.3 匹配“至少重复多少次”

重复范围的最后一种用法是指定至少要匹配多少次（不指定最大匹配次数）。这种用法的语法类似于区间范围语法，只是省略了最大值部分而已。比如说，{3,} 表示至少重复 3 次，换句话说，就是“重复 3 次或更多次”。

来看一个综合了本章主要知识点的例子。在这个例子里，我们使用一个正则表达式把所有金额大于或等于 100 美元的订单找出来：

**文本**

```
1001: $496.80
1002: $1290.69
1003: $26.43
1004: $613.42
1005: $7.61
1006: $414.90
1007: $25.00
```

**正则表达式**

```
\d+: \$\d{3,}\.\d{2}
```

**结果**

```
1001: $496.80
1002: $1290.69
1003: $26.43
1004: $613.42
1005: $7.61
1006: $414.90
1007: $25.00
```

**分析**

这个例子里的文本取自一份报表，其中第一列是订单号，第二列是订单金额。我们构造的正则表达式首先使用`\d+:`来匹配订单号（这部分其实可以省略——我们可以只匹配金额部分而不是包括订单号在内的一整行）。模式`\$\d{3,}\.\d{2}`用来匹配金额部分，其中`\$`匹配`$`，`\d{3,}`匹配至少 3 位数字（因此，最少也得是 100 美元），`\.`匹配`.`，`\d{2}`匹配小数点后面的 2 位数字。该模式从所有订单中正确地匹配到了 4 个符合要求的订单。

**提示** 在使用重复范围的时候一定要小心。如果你遗漏了花括号里的逗号，那么模式的含义将从至少匹配 n 次变成只匹配 n 次。

**注意** +在功能上等价于{1,}。

## 5.3 防止过度匹配

?的匹配范围有限（仅限零次或一次匹配），当使用精确数量或区间时，重复范围匹配也是如此。但本章介绍的其他重复匹配形式在重复次数方面都没有上限值，而这样做有时会导致过度匹配的现象。

我们目前为止选用的例子都经过了精心挑选，不存在过度匹配的问题。考虑下面这个例子，例子中的文本取自某个 Web 页面，里面包含两个 HTML 的<b>标签。我们的任务是用正则表达式匹配<b>标签中的文本（可能是为了替换格式）。

**文本**

```
This offer is not available to customers
living in <b>AK</b> and <b>HI</b>.
```

**正则表达式**

```
<[Bb]>.*<\/[Bb]>
```

**结果**

```
This offer is not available to customers
living in <b>AK</b> and <b>HI</b>.
```

**分析**

<[Bb]>匹配起始<b>标签（大小写均可），<\/[Bb]>匹配闭合</b>标签（也是大小写均可）。但这个模式只找到了一个匹配，而不是预期的两个。第一个<b>标签和最后一个</b>标签之间的所有内容（AK</b> and <b>HI）被.*一网打尽。这的确包含了我们想要匹配的文本，但其中也夹杂了其他标签。

为什么会这样？因为*和+都是所谓的“贪婪型”（greedy）元字符，其匹配行为是多多益善而不是适可而止。它们会尽可能地从一段文本的开头一直匹配到末尾，而不是碰到第一个匹配时就停止。这是有意设计的，量词[①]就是贪婪的。

在不需要这种“贪婪行为”的时候该怎么办？答案是使用这些量词的“懒惰型”（lazy）版本（之所以称之为“懒惰型”是因为其匹配尽可能少的字符，而非尽可能多地去匹配）。懒惰型量词的写法是在贪婪型量词后面加上一个?。表 5-1 列出了贪婪型量词及其对应的懒惰型版本。

**表 5-1　贪婪型量词和懒惰型量词**

| 贪婪型量词 | 懒惰型量词 |
| --- | --- |
| * | *? |
| + | +? |
| {n,} | {n,}? |

*?是*的懒惰型版本。下面是使用*?来解决之前那个例子的做法：

**文本**

```
This offer is not available to customers
living in <b>AK</b> and <b>HI</b>.
```

**正则表达式**

```
<[Bb]>.*?<\/[Bb]>
```

**结果**

```
This offer is not available to customers
living in <b>AK</b> and <b>HI</b>.
```

**分析**

问题解决了。因为使用了懒惰型的*?，第一个匹配将仅限于<b>AK</b>，<b>HI</b>则成为了第二个匹配。

① +、*和?也叫作“量词”（quantifier）。——译者注

**注意** 为了让模式尽可能简单，本书里的大多数例子使用的都是“贪婪型”量词。但是，可以根据需要将其替换成“懒惰型”量词。

## 5.4 小结

在使用重复匹配时，正则表达式的真正威力就显现出来了。本章介绍了+（匹配字符或字符集合的一次或多次重复出现）、*（匹配字符或字符集合的零次或多次重复出现）和?（匹配字符或字符集合的零次或一次出现）的用法。要想获得更大的控制权，你可以用重复范围{}来精确地设定重复次数或是重复的最小次数和最大次数。量词分“贪婪型”和“懒惰型”两种，前者会尽可能多地匹配，后者则会尽可能少地匹配。

# 第 6 章

# 位置匹配

你已经学会了如何匹配以各种组合和重复形式出现在文本中任意位置的任意字符。但是，有时候需要对某段文本内的特定位置进行匹配，这就引出了位置匹配的概念，也就是本章要学习的内容。

## 6.1 边界

位置匹配用于指定应该在文本中什么地方进行匹配操作。为了让大家理解对于位置匹配的需求，我们先来看一个例子：

**文本**

```
The cat scattered his food all over the room.
```

**正则表达式**

```
cat
```

**结果**

```
The cat scattered his food all over the room.
```

**分析**

模式 `cat` 可以匹配文本里所有的 `cat`，即便是单词 `scattered` 里的那个 `cat` 也不例外。但这很可能并不是我们想要的结果。如果你这样搜索所有的 `cat`，并将其替换为 `dog`，那么得到的只会是毫无实际意义的一句话：

```
The dog sdogtered his food all over the room.
```

这就要用到**边界**了，也就是一些用于指定模式前后位置（或边界）的特殊元字符。

## 6.2 单词边界

第一种边界（也是最常用到的）是由\b 指定的单词边界。顾名思义[①]，\b 用来匹配一个单词的开头或结尾。

为了演示\b 的用法，让我们回到刚才的例子再做一次尝试，但这次将指定单词边界：

**文本**

```
The cat scattered his food all over the room.
```

**正则表达式**

```
\bcat\b
```

**结果**

```
The cat scattered his food all over the room.
```

**分析**

单词 cat 的前后都有一个空格，所以匹配模式\bcat\b（空格是用来分隔单词的字符之一）。该模式并不匹配单词 scattered 中的字符序列 cat，因为它的前一个字符是 s、后一个字符是 t（这两个字符都不能与\b 相匹配）。

**注意** \b 到底匹配什么东西呢？正则表达式引擎不懂英语（事实上，它不懂任何人类语言），所以也不知道什么是单词边界。简单地说，\b 匹配的是字符之间的一个位置：一边是单词（能够被\w 匹配的字母数字字符和下划线），另一边是其他内容（能够被\W 匹配的字符）。

重要的是要认识到，如果你想匹配一个完整的单词，就必须在要匹配的文本的前后都加上\b。请看下面这个例子：

**文本**

```
The captain wore his cap and cape proudly as
he sat listening to the recap of how his
crew saved the men from a capsized vessel.
```

① b 是英文 boundary（边界）的首字母。——译者注

**正则表达式**

```
\bcap
```

**结果**

```
The captain wore his cap and cape proudly as
he sat listening to the recap of how his
crew saved the men from a capsized vessel.
```

**分析**

模式\bcap 匹配任何以字符序列 cap 开头的单词。这里总共找到了 4 个匹配，其中有 3 个都不是独立的单词 cap。

下面这个例子里的文本还是刚才那段文字，但在这次的正则表达式里只有一个\b 后缀：

**文本**

```
The captain wore his cap and cape proudly as
he sat listening to the recap of how his
crew saved the men from a capsized vessel.
```

**正则表达式**

```
cap\b
```

**结果**

```
The captain wore his cap and cape proudly as
he sat listening to the recap of how his
crew saved the men from a capsized vessel.
```

**分析**

模式 cap\b 匹配以字符序列 cap 结束的任意单词。这里总共找到了 2 个匹配，其中有一个不是独立的单词 cap。

如果你只想匹配单词 cap 本身，那么正确的模式应该是\bcap\b。

**注意**　\b 匹配的是一个位置，而不是任何实际的字符。用\bcat\b 匹配到的字符串的长度是 3 个字符（c、a、t），不是 5 个字符。

如果你不想匹配单词边界，那么可以使用\B。在下面的例子里，我们将使用\B 来查找前后都有多余空格的连字符：

**文本**

```
Please enter the nine-digit id as it
appears on your color - coded pass-key.
```

**正则表达式**

```
\B-\B
```

**结果**

```
Please enter the nine-digit id as it
appears on your color - coded pass-key.
```

**分析**

\B-\B 将匹配一个前后都不是单词边界的连字符。nine-digit 和 pass-key 中的连字符不能与之匹配，但 color - coded 中的连字符可以与之匹配[①]。

**注意** 正如我们在第 4 章里见到的那样，同一个元字符的大写形式与它的小写形式在功能上往往刚好相反。

**注意** 有些正则表达式实现支持另外两个元字符：\<只匹配单词的开头，\>只匹配单词的结尾。相比之下，\b 既可以匹配单词开头，也可以匹配单词结尾。虽然这两种元字符可以提供更精细的控制，但支持它们的正则表达式引擎非常有限（egrep 是支持的，不过许多其他实现就不支持了）。

## 6.3 字符串边界

单词边界可以用来对单词位置进行匹配（单词的开头、单词的结尾、整个单词等）。字符串边界有着类似的用途，只不过用于在字符串首尾进行模式匹配。字符串边界元字符有两个：^代表字符串开头，$代表字符串结尾。

① 因为空格和连字符都不属于\w。——译者注

**注意**　在第 3 章里，你已经学会了使用^排除某个字符集合。这个元字符还怎么用来代表字符串的开头呢？

有些元字符拥有多种用途，^就是其中之一。只有当它出现在字符集合里（位于[和]之间）且紧跟在左方括号[的后面时，它才表示排除该字符集合。如果出现在字符集合之外并位于模式的开头，^将匹配字符串的起始位置。

为了演示字符串边界的用法，下面准备了一个例子。有效的 XML 文档都必须以<?xml>标签开头，另外可能还包含一些其他属性（比如版本号，如<?xml version="1.0" ?>）。下面这个简单的测试可以检查一段文本是否为 XML 文档：

**文本**

```
<?xml version="1.0" encoding="UTF-8" ?>
<wsdl:definitions targetNamespace="http://tips.cf"
xmlns:impl="http://tips.cf" xmlns:intf="http://tips.cf"
xmlns:apachesoap="http://xml.apache.org/xml-soap"
```

**正则表达式**

```
<\?xml.*\?>
```

**结果**

```
<?xml version="1.0" encoding="UTF-8" ?>
<wsdl:definitions targetNamespace="http://tips.cf"
xmlns:impl="http://tips.cf" xmlns:intf="http://tips.cf"
xmlns:apachesoap="http://xml.apache.org/xml-soap"
```

**分析**

该模式似乎管用。`<\?xml` 匹配`<?xml`，`.*`匹配随后的任意文本（`.`的零次或多次重复出现），`\?>`匹配结尾的`?>`。

但是，这个测试非常不准确。在下面的例子里，采用同样的模式来匹配在<?xml>标签之前包含额外内容的文本：

**文本**

```
This is bad, real bad!
<?xml version="1.0" encoding="UTF-8" ?>
```

```
<wsdl:definitions targetNamespace="http://tips.cf"
xmlns:impl="http://tips.cf" xmlns:intf="http://tips.cf"
xmlns:apachesoap="http://xml.apache.org/xml-soap"
```

**正则表达式**

```
<\?xml.*\?>
```

**结果**

```
This is bad, real bad!
<?xml version="1.0" encoding="UTF-8" ?>
<wsdl:definitions targetNamespace="http://tips.cf"
xmlns:impl="http://tips.cf" xmlns:intf="http://tips.cf"
xmlns:apachesoap="http://xml.apache.org/xml-soap"
```

**分析**

模式<\?xml.*\?>匹配到的是第 2 行文本。因为 XML 文档的起始标签出现在了第 2 行，所以这肯定不是有效的 XML 文档（将其作为 XML 文档来处理会导致各种问题）。

这里需要的测试是能够确保 XML 文档的起始标签<?xml>出现在字符串最开始处，而这正是^元字符大显身手的地方，如下所示：

**文本**

```
<?xml version="1.0" encoding="UTF-8" ?>
<wsdl:definitions targetNamespace="http://tips.cf"
xmlns:impl="http://tips.cf" xmlns:intf="http://tips.cf"
xmlns:apachesoap="http://xml.apache.org/xml-soap"
```

**正则表达式**

```
^\s*<\?xml.*\?>
```

**结果**

```
<?xml version="1.0" encoding="UTF-8" ?>
<wsdl:definitions targetNamespace="http://tips.cf"
xmlns:impl="http://tips.cf" xmlns:intf="http://tips.cf"
xmlns:apachesoap="http://xml.apache.org/xml-soap"
```

**分析**

^匹配一个字符串的开头位置，所以^\s*匹配字符串的开头和随后的零个或多个空白字符（这解决了<?xml>标签前允许出现的空格、制表符、

换行符的问题)。作为一个整体，模式`^\s*<\?xml.*\?>`不仅能匹配带有任意属性的 XML 起始标签，还可以正确处理空白字符。

**提示**　虽然模式`^\s*<\?xml.*\?>`解决了上例中的问题，但那只是因为这个例子里的 XML 文档并不完整而已。如果采用完整的 XML 文档，你就会看到贪婪型量词的典型表现。所以，这个例子很好地说明了什么时候该使用`.*?`代替`.*`。

`$`的用法也差不多。它可以用来检查 Web 页面结尾的`</html>`标签的后面没有任何内容：

**正则表达式**

```
</[Hh][Tt][Mm][Ll]>\s*$
```

**分析**

我们用了 4 个字符集合来分别匹配 `H`、`T`、`M` 和 `L`（这样就可以对这几个字符的各种大小写组合形式进行处理了），`\s*$`匹配一个字符串结尾处的零个或多个空白字符。

**注意**　模式`^.*$`是一个在语法上完全正确的正则表达式，它几乎总能找到一个匹配，但没有任何实际用途。你能分析出这个模式将匹配什么以及它在什么情况下会找不到任何匹配吗？

## 多行模式

我们刚刚讲过，`^`和`$`通常分别匹配字符串的首尾位置。但也有例外，或者说有办法改变这种行为。

许多正则表达式都支持使用一些特殊的元字符去改变另外一些元字符的行为，`(?m)`就是其中之一，它可用于启用多行模式（multiline mode）。多行模式迫使正则表达式引擎将换行符视为字符串分隔符，这样一来，`^`既可以匹配字符串开头，也可以匹配换行符之后的起始位置（新行）；`$`不仅能匹配字符串结尾，还能匹配换行符之后的结束位置。

在使用时，(?m)必须出现在整个模式的最前面，就像下面这个例子里那样。在此例中，我们使用正则表达式找出一段JavaScript代码里的所有注释内容：

**文本**

```
<script>
function doSpellCheck(form, field) {
   // Make sure not empty
   if (field.value == '') {
      return false;
   }
   // Init
   var windowName='spellWindow';
   var spellCheckURL='spell.cfm?formname=comment&fieldname='+
➥field.name;
...
   // Done
   return false;
}
</script>
```

**正则表达式**

```
(?m)^\s*\/\/.*$
```

**结果**

```
<script>
function doSpellCheck(form, field) {
   // Make sure not empty
   if (field.value == '') {
      return false;
   }
   // Init
   var windowName='spellWindow';
   var spellCheckURL='spell.cfm?formname=comment&fieldname='+
➥field.name;
...
   // Done
   return false;
}
</script>
```

**分析**

^\s 匹配字符串的开头，然后是任意多个空白字符，接着是\/\/

（JavaScript 代码里的注释符号），再往后是任意文本，最后是字符串的结尾。不过，这个模式只能找出第一条注释（并认为这条注释将一直延续到代码的末尾[①]）。加上`(?m)`修饰符之后，`(?m)^\s*\/\/.*$`迫使模式将换行符视为字符串分隔符，这样就可以匹配到所有的注释了。

**警告**　包括 JavaScript 在内的许多正则表达式实现都不支持`(?m)`。

**注意**　有些正则表达式实现还支持使用`\A`标记字符串的开头，使用`\Z`标记字符串的结尾。此时，`\A`和`\Z`的作用基本等价于`^`和`$`，但请注意，不像`^`和`$`，`\A`和`\Z`不会因为`(?m)`修饰符而改变行为，所以不能用于多行模式。

## 6.4　小结

正则表达式不仅可以用来匹配任意长度的文本块，还可以用来匹配出现在字符串中特定位置的文本。`\b`用来指定一个单词边界（`\B`刚好相反）。`^`和`$`用来指定字符串边界（字符串的开头和结尾）。如果与`(?m)`配合使用，`^`和`$`还可以匹配换行符之前或之后的字符串。

① 因为`*`是一个贪婪型量词。——译者注

# 第 7 章

# 使用子表达式

元字符和字符匹配提供了正则表达式的基本功能，其用法我们已经在此前的章节里演示过了。本章将学习如何运用子表达式（subexpression）对表达式进行分组。

## 7.1 理解子表达式

我们在第 5 章学习了如何匹配某个字符的连续多次重复。正如之前讨论的那样，`\d+`匹配一个或多个数字字符，`https?:\/\/`匹配 `http://` 或 `https://`。

在这两个例子（事实上，是在此前见过的所有例子）里，用来表明重复次数的元字符（例如，`?`或`*`或`{2}`）只作用于紧挨着它的前一个字符或元字符。

例如，HTML 开发人员经常在单词之间放置不间断空格（nonbreaking space，用` `表示），以确保文本不会在这些单词之间折行。假设你需要找出所有重复的 HTML 不间断空格，将其用其他内容替换。下面是一个例子：

**文本**

```
Hello, my name is Ben Forta, and I am
the author of multiple books on SQL (including
MySQL, Oracle PL/SQL, and SQL Server T-SQL),
Regular  Expressions, and other subjects.
```

**正则表达式**

```
 {2,}
```

**结果**

```
Hello, my name is Ben Forta, and I am
the author of multiple books on SQL (including
MySQL, Oracle PL/SQL, and SQL Server T-SQL),
Regular  Expressions, and other subjects.
```

**分析**

 是 HTML 中不间断空格的实体引用（entity reference）。模式 {2,}应该匹配连续两次或更多次重复出现的 ，结果却事与愿违。为什么会这样？因为{2,}指定的重复次数只作用于紧挨着它的前一个字符，在本例中，那是一个分号。如此一来，该模式可以匹配 ;;;;，但无法匹配  。

## 7.2　使用子表达式进行分组

这就引出了子表达式的概念。子表达式是更长的表达式的一部分。划分子表达式的目的是为了将其视为单一的实体来使用。子表达式必须出现在字符(和)之间。

**提示**　(和)是元字符。如果需要匹配(和)本身，就必须使用转义序列\(和\)。

为了演示子表达式的用法，我们再来看看刚才的那个例子：

**文本**

```
Hello, my name is Ben Forta, and I am
the author of multiple books on SQL (including
MySQL, Oracle PL/SQL, and SQL Server T-SQL),
Regular  Expressions, and other subjects.
```

**正则表达式**

```
( ){2,}
```

**结果**

```
Hello, my name is Ben Forta, and I am
the author of multiple books on SQL (including
MySQL, Oracle PL/SQL, and SQL Server T-SQL),
Regular  Expressions, and other subjects.
```

**分析**

( )是一个子表达式，它被视为单一的实体。因此，紧随其后的{2,}将作用于整个子表达式（而不仅仅是分号）。问题解决了。

我们再来看一个例子，这次是用一个正则表达式来查找 IP 地址。IP 地址的格式是以英文句号分隔的 4 组数字，例如 12.159.46.200。因为每组可以包含 1~3 个数字字符,所以这 4 组数字可以统一使用模式\d{1,3}来匹配。下面就是这个例子：

**文本**

```
Pinging hog.forta.com [12.159.46.200]
with 32 bytes of data:
```

**正则表达式**

```
\d{1,3}\.\d{1,3}\.\d{1,3}\.\d{1,3}
```

**结果**

```
Pinging hog.forta.com [12.159.46.200]
with 32 bytes of data:
```

**分析**

每个\d{1,3}匹配 IP 地址里的一组数字。4 组数字之间由.分隔，因此，在正则表达式中要转义为\.。

在这个例子里,模式\d{1,3}\.（最多匹配 3 个数字字符和随后的.）连续出现了 3 次，所以同样可以用重复来表示。下面是同一个例子的另一种写法：

**文本**

```
Pinging hog.forta.com [12.159.46.200]
with 32 bytes of data:
```

**正则表达式**

```
(\d{1,3}\.){3}\d{1,3}
```

**结果**

```
Pinging hog.forta.com [12.159.46.200]
with 32 bytes of data:
```

**分析**

该模式与之前那个有着同样的效果，但我们这次使用了另一种语法。将表达式`\d{1,3}\.`放入`(`和`)`之中，使其成为一个子表达式。`(\d{1,3}\.){3}`表示该子表达式重复出现 3 次（它们对应着 IP 地址里的前 3 组数字），随后的`\d{1,3}`用来匹配 IP 地址里的最后一组数字。

**注意**　在上面这个例子里，使用`(\d{1,3}\.){4}`作为模式是不妥当的。你能分析出为什么不能用它来解决这个问题吗？

**提示**　有些用户喜欢把表达式的某些部分加上括号，形成子表达式，以此提高可读性，因此，上面的模式可以写成`(\d{1,3}\.){3}(\d{1,3})`。这种做法完全没有问题，对表达式的实际行为也没有任何不良影响（但根据具体的正则表达式实现，这可能会影响性能）。

利用子表达式进行分组非常重要，有必要再来看一个例子，它完全不涉及重复次数问题。在下面的例子里，我们尝试匹配用户记录中的年份：

**文本**

```
ID: 042
SEX: M
DOB: 1967-08-17
Status: Active
```

**正则表达式**

```
19|20\d{2}
```

**结果**

```
ID: 042
SEX: M
DOB: 1967-08-17
Status: Active
```

**分析**

这个例子需要构造模式去查找 4 位数的年份，但为了更加准确，我们明确地将前两位数字限定为 `19` 和 `20`。模式里的`|`是 OR（或）操作符，`19|20` 可以匹配 `19` 或 `20`，因此，模式 `19|20\d{2}`应该匹配以 `19` 或 `20` 开头的 4 位数字（`19` 或 `20` 的后面再跟着两位数字）。显然，这样并不管用。为什么会这样？因为`|`操作符会查看其左右两边的内容，将模式 `19|20\d{2}`解释为 `19` 或 `20\d{2}`（也就是把`\d{2}`解释为以 `20` 开头的那个表达式的一部分）。换句话说，它匹配的是数字 `19` 或以 `20` 开头的任意 4 位数字。最终的结果你们已经看到了，只匹配到了 `19`。

正确答案是把 `19|20` 划分为一个子表达式，如下所示：

**文本**

```
ID: 042
SEX: M
DOB: 1967-08-17
Status: Active
```

**正则表达式**

```
(19|20)\d{2}
```

**结果**

```
ID: 042
SEX: M
DOB: 1967-08-17
Status: Active
```

**分析**

我们把选项全都归入一个子表达式里，这样`|`就知道打算匹配的是出现在分组中的选项之一。`(19|20)\d{2}`因此正确地匹配到了 `1967`，其他以 `19` 或 `20` 开头的 4 位年份数字自然也得以匹配。对于再往后的一些日期（从现在算起 100 年内），要是需要修改这段代码，使其也能够匹配以 `21` 开头的年份，只要把这个模式改成`(19|20|21)\d{2}`就可以了。

**注意** 本章讨论的只是将子表达式用于分组的用法。子表达式还有另外一种极其重要的用途，我们将在第 8 章进行讨论。

## 7.3　子表达式的嵌套

子表达式允许嵌套。事实上，子表达式还可以多重嵌套，一层套一层，想象出来了吧。

子表达式嵌套能够构造出功能极其强大的正则表达式，但这难免会让模式变得难以阅读和理解，多少有些让人望而却步。其实大多数嵌套子表达式并没有它们看上去那么复杂。

为了演示嵌套子表达式的用法，我们再去看看刚才那个匹配 IP 地址的例子。下面是我们之前用过的模式（先是一个连续重复 3 次的子表达式，然后是最后一组数字）：

**正则表达式**

```
(\d{1,3}\.){3}\d{1,3}
```

该模式有什么不对的地方吗？从语法上讲，完全正确。IP 地址由 4 组数字构成，每组包含 1~3 个数字，组与组之间以英文句号分隔。说这个模式正确，是因为它可以匹配所有有效的 IP 地址。但除此之外，无效的 IP 地址也照样能匹配。

IP 地址由 4 个字节构成，形如 12.159.46.200 的 IP 地址就对应着这 4 个字节。所以 IP 地址里的每组数字的取值范围也就是单个字节的描述范围，即 0~255。这意味着 IP 地址里的每一组数字都不能大于 255，可是上面那个模式也能匹配 345、700、999 这些无效的 IP 地址数字。

**注意**　有一点很重要。写一个能够匹配预期内容的正则表达式并不难。但是写一个能够考虑到所有可能场景，确保将不需要匹配的内容排除在外的正则表达式可就难多了。

如果有办法设定有效的取值范围，事情会简单得多，但正则表达式只是匹配字符，并不真正了解这些字符的含义。所以就别指望数学运算了。

有没有别的办法呢？也许有。在构造一个正则表达式的时候，一定要定义清楚你想匹配什么，不想匹配什么。一个有效的 IP 地址中每组数字必须符合以下规则。

- 任意的 1 位或 2 位数字。
- 任意的以 1 开头的 3 位数字。
- 任意的以 2 开头、第二位数字在 0 到 4 之间的 3 位数字。
- 任意的以 25 开头、第三位数字在 0 到 5 之间的 3 位数字。

当依次罗列出所有规则之后，模式该是什么样子就变得一目了然了。下面是这个例子：

**文本**

```
Pinging hog.forta.com [12.159.46.200]
with 32 bytes of data:
```

**正则表达式**

```
(((25[0-5])|(2[0-4]\d)|(1\d{2})|(\d{1,2}))\.){3}
➥(((25[0-5])|(2[0-4]\d)|(1\d{2})|(\d{1,2})))
```

**结果**

```
Pinging hog.forta.com [12.159.46.200]
with 32 bytes of data:
```

**分析**

该模式的效果立竿见影，但还是得讲解一下。该模式成功的原因要归功于一系列嵌套子表达式。先来说说由 4 个子表达式构成的`(((25[0-5])|(2[0-4]\d)|(1\d{2})|(\d{1,2}))\.)`。我们将以相反的顺序进行说明：`(\d{1,2})`匹配任意的一位或两位数字（0~99）；`(1\d{2})`匹配以 `1` 开头的任意 3 位数字（100~199）；`(2[0-4]\d)`匹配数字 200~249；`(25[0-5])`匹配数字 250~255。每个子表达式都出现在括号中，彼此之间以`|`分隔（意思是只需匹配其中某一个子表达式即可，不用全都匹配）。随后的`\.`用来匹配`.`字符，它与前 4 个子表达式合起来又构成了一个更大的子表达式（4 组数字选项和`\.`），接下来的`{3}`表示该子表达式匹配到的内容要重复 3 次。最后，数值范围又重复出现了一次（这次省略了尾部的`\.`），用来匹配 IP 地址里的最后一组数字。通过把每组数字的取值范围都限制在 0 到 255 之间，这个模式准确无误地做到了匹配有效的 IP 地址，排除无效的 IP 地址。

值得注意的是，这 4 个表达式如果按照更符合逻辑的顺序书写（就像我在上面解释的那样），反倒是不行的。请考虑以下内容：

**文本**

```
Pinging hog.forta.com [12.159.46.200]
with 32 bytes of data:
```

**正则表达式**

```
(((\d{1,2})|(1\d{2})|(2[0-4]\d)|(25[0-5]))\.){3}
➥((\d{1,2})|(1\d{2})|(2[0-4]\d)|(25[0-5]))
```

**结果**

```
Pinging hog.forta.com [12.159.46.200]
with 32 bytes of data:
```

**分析**

注意，这次未能匹配结尾的 0。为什么会这样？因为模式是从左到右进行评估的，所以当有 4 个表达式都可以匹配时，首先测试第一个，然后测试第二个，以此类推。只要有任何模式匹配，就不再测试选择结构中的其他模式。在本例中，(\d{1,2})匹配结尾的 200 中的 20，因此其他模式（包括最后那个我们需要的(25[0-5])）甚至都没有进行评估。

**提示** 像上面这个例子里的正则表达式看起来挺吓人的。理解的关键是要将其分解开，每次只分析一个子表达式，把它搞明白。按照先内后外的原则来进行，而不是从头开始，逐个字符地去阅读。嵌套子表达式其实远没有看上去那么复杂。

## 7.4 小结

子表达式使用(和)来定义，作用是把表达式的各个部分划分在一起。子表达式的常见用途包括：通过重复次数元字符准确地控制重复内容，正确地定义|的多项分支。如有必要，子表达式还允许嵌套使用。

# 第 8 章

# 反向引用

第 7 章将子表达式作为一种分组的方法，其重要用途在于恰当地控制重复的模式匹配（在上一章已经演示过）。本章将学习子表达式的另一种重要用途——反向引用（backreference）。

## 8.1 理解反向引用

要想理解为什么需要反向引用，最好的方法是看一个例子。HTML 程序员使用标题标签（<h1>到<h6>，以及配对的结束标签）来定义和排版 Web 页面里的标题文字。假设你现在需要把某个 Web 页面里的所有标题文字全都查找出来，不管是几级标题。下面就是这个例子：

**文本**

```
<body>
<h1>Welcome to my Homepage</h1>
Content is divided into two sections:<br/>
<h2>SQL</h2>
Information about SQL.
<h2>RegEx</h2>
Information about Regular Expressions.
</body>
```

**正则表达式**

```
<[hH]1>.*<\/[hH]1>
```

**结果**

```
<body>
<h1>Welcome to my Homepage</h1>
Content is divided into two sections:<br/>
<h2>SQL</h2>
```

```
Information about SQL.
<h2>RegEx</h2>
Information about Regular Expressions.
</body>
```

**分析**

模式`<[hH]1>.*<\/[hH]1>`匹配一级标题（从`<h1>`到`</h1>`），也可以匹配`<H1>`（HTML 不区分字母大小写）。但我们刚才说的是匹配任意级别的标题（HTML 文档里的标题总共有 6 个级别），这应该怎么办呢？

一种做法是用一个简单的区间来代替 `1`，如下所示：

**文本**

```
<body>
<h1>Welcome to my Homepage</h1>
Content is divided into two sections:<br/>
<h2>SQL</h2>
Information about SQL.
<h2>RegEx</h2>
Information about Regular Expressions.
</body>
```

**正则表达式**

```
<[hH][1-6]>.*?<\/[hH][1-6]>
```

**结果**

```
<body>
<h1>Welcome to my Homepage</h1>
Content is divided into two sections:<br/>
<h2>SQL</h2>
Information about SQL.
<h2>RegEx</h2>
Information about Regular Expressions.
</body>
```

**分析**

看起来管用。`<[hH][1-6]>`匹配任意级别标题的开始标签（在这个例子中是`<h1>`和`<h2>`），`<\/[hH][1-6]>`匹配任意级别标题的结束标签（在这个例子中是`</h1>`和`</h2>`）。

**注意** 这里使用的是.*?（懒惰型）而不是.*（贪婪型）。我们在第5章里讲过，*等量词都是贪婪型的，所以模式`<[hH][1-6]>.*<\/[hH][1-6]>`可能会从第2行的起始`<h1>`标签开始，一直匹配到第6行的结束`</h2>`标签。使用懒惰型量词.*?可以解决这个问题。

之所以说“可能”(could)而不是“就会”(would)，是因为在这个特定的例子里，即便是使用了贪婪型量词也不一定会有问题。元字符.通常无法匹配换行符，而上例中的每个标题都各自占据一行。但在这里使用懒惰型元字符没有任何坏处，事前小心总比事后后悔好。

现在没问题了吗？未必。看看下面这个例子（使用的还是刚才那个模式）：

**文本**

```
<body>
<h1>Welcome to my Homepage</h1>
Content is divided into two sections:<br/>
<h2>SQL</h2>
Information about SQL.
<h2>RegEx</h2>
Information about Regular Expressions.
<h2>This is not valid HTML</h3>
</body>
```

**正则表达式**

```
<[hH][1-6]>.*?<\/[hH][1-6]>
```

**结果**

```
<body>
<h1>Welcome to my Homepage</h1>
Content is divided into two sections:<br/>
<h2>SQL</h2>
Information about SQL.
<h2>RegEx</h2>
Information about Regular Expressions.
<h2>This is not valid HTML</h3>
</body>
```

分析

有一处标题的标签是以`<h2>`开头、以`</h3>`结束的，这显然是一个无效的标题，但也能和我们使用的模式匹配上。

问题在于匹配的第二部分（用来匹配结束标签的那部分）对匹配的第一部分（用来匹配开始标签的那部分）一无所知。这正是反向引用大显身手的地方了。

## 8.2　反向引用匹配

我们等会儿再去解决匹配 HTML 标题的问题。先来看一个比较简单的例子，这个问题如果不使用反向引用，根本无法解决。

假设你有一段文本，你想把这段文本里所有连续重复出现的单词（打字错误，同一个单词输了两遍）找出来。显然，在搜索某个单词的第二次出现时，这个单词必须是已知的。反向引用允许正则表达式模式引用之前匹配的结果（具体到这个例子，就是前面匹配到的单词）。

理解反向引用的最好方法就是看看它的实际应用。下面这段文本中包含 3 组重复的单词，我们要将其全部找出来：

文本

```
This is a block of of text,
several words here are are
repeated, and and they
should not be.
```

正则表达式

```
[ ]+(\w+)[ ]+\1
```

结果

```
This is a block of of text,
several words here are are
repeated, and and they
should not be.
```

分析

该模式看起来奏效了，但它的工作原理是什么？`[ ]+`匹配一个或多个空格，\w+匹配一个或多个字母数字字符，[ ]+匹配结尾的空格。注意，\w+是出现在括号里的，所以它是一个子表达式。该子表达式并不是用来进行重复匹配的，这里也没什么要重复匹配的。它只是对模式分组，将其标识出来以备后用。模式最后一部分是\1，这是对前面那个子表达式的反向引用，\1 匹配的内容与第一个分组匹配的内容一样。因此，如果(\w+)匹配的是单词 of，那么\1 也匹配单词 of；如果(\w+)匹配的是单词 and，那么\1 也匹配单词 and。

**注意** 术语“反向引用”指的是这些实体引用的是先前的子表达式。

\1 到底是什么意思？它匹配模式中所使用的第一个子表达式，\2 匹配第二个子表达式、\3 匹配第三个，以此类推。所以，在上面那个例子中，[ ]+(\w+)[ ]+\1 匹配连续两次重复出现的单词。

**警告** 遗憾的是，在不同的正则表达式实现中，反向引用的语法差异不小。

JavaScript 使用\来标识反向引用（除了在替换操作中用的是$），vi 也是如此。Perl 使用的是$（所以写作$1，而不是\1）。.NET 正则表达式将返回一个对象，该对象的 Groups 属性包含所有的匹配。如果你使用的是 C#语言，match.Groups[1]对应着第一个匹配；如果你使用的是 Visual Basic .NET，match.Groups(1)对应着第一个匹配。PHP 在名为$matches 的数组中返回这些信息，$matches[1]对应着第一个匹配（但这一行为会根据所使用的标志发生变化）。Java 和 Python 将返回一个匹配对象，其中包含名为 group 的数组。

相关的实现细节请参阅附录 A。

**提示** 可以把反向引用想象成变量。

看过反向引用的用法之后，再回到 HTML 标题的例子。利用反向引用，可以构造一个模式去匹配任何一级标题的开始标签以及相应的结束标签（忽略任何不配对的标签）。来看下面的例子：

**文本**

```
<body>
<h1>Welcome to my Homepage</h1>
Content is divided into two sections:<br/>
<h2>SQL</h2>
Information about SQL.
<h2>RegEx</h2>
Information about Regular Expressions.
<h2>This is not valid HTML</h3>
</body>
```

**正则表达式**

```
<[hH]([1-6])>.*?<\/[hH]\1>
```

**结果**

```
<body>
<h1>Welcome to my Homepage</h1>
Content is divided into two sections:<br/>
<h2>SQL</h2>
Information about SQL.
<h2>RegEx</h2>
Information about Regular Expressions.
<h2>This is not valid HTML</h3>
</body>
```

**分析**

又找到了 3 个匹配：1 个一级标题（`<h1>...</h1>`）和 2 个二级标题（`<h2>...</h2>`）。和以前一样，`<[hH]([1-6])>`匹配任意级别标题的开始标签。但不同的是，我们这次把`[1-6]`放进了`()`里，使它成为了一个子表达式。这样一来，我们就可以在用来匹配标题结束标签的`<\/[hH]\1>`里用`\1` 来引用这个子表达式了。子表达式`([1-6])`匹配数字 1~6，所以`\1` 也只匹配与之相同的数字。`<h2>This is not valid HTML</h3>`因而就不会被匹配到了。

**警告**　反向引用只能用来引用括号里的子表达式。

**提示** 反向引用匹配通常从 1 开始计数（\1、\2 等）。在许多实现里，第 0 个匹配（\0）可以用来代表整个正则表达式。

**注意** 正如看到的那样，子表达式是按照其相对位置来引用的：\1 对应着第一个子表达式，\5 对应着第五个子表达式，等等。虽然受到普遍的支持，但这种语法存在着一个严重的不足：移动或编辑子表达式（子表达式的位置会因此改变）可能会使模式失效，删除或添加子表达式的后果甚至会更严重。

为了弥补这一不足，一些比较新的正则表达式实现还支持“命名捕获”(named capture)：给某个子表达式起一个唯一的名称，随后用该名称（而不是相对位置）来引用这个子表达式。因为命名捕获还没有得到广泛支持，而且在已支持的实现中，语法差异也颇大，所以本书没有对此进行讨论。但如果你正在使用的正则表达式实现（例如.NET）支持命名捕获功能，那你一定要善加利用。

## 8.3 替换操作

到目前为止，本书中所有的正则表达式都是用来搜索的，也就是在一段文本里查找特定的内容。的确，这可能是正则表达式最常干的事，但并不是它的全部功能。正则表达式还可以用来完成各种强大的替换操作。

简单的文本替换操作用不着正则表达式。比如说，把所有的 `CA` 替换成 `California`，或把所有的 `MI` 替换成 `Michigan`，用正则表达式来完成就未免大材小用了。并不是不能用正则表达式来做这种事，只是这么做毫无价值可言。事实上，用普通的字符串处理功能反而会更容易（速度也更快）。

当用到反向引用时，正则表达式的替换操作才会变得让人印象深刻。下面是一个我们在第 5 章里见过的例子：

**文本**

```
Hello, ben@forta.com is my email address.
```

**正则表达式**

```
\w+[\w\.]*@[\w\.]+\.\w+
```

**结果**

```
Hello, ben@forta.com is my email address.
```

**分析**

该模式可以找出文本中的电子邮件地址（详细分析参见第 5 章）。

现在，假设你想把文本里的电子邮件地址全都转换为可点击的链接，该怎么办？在 HTML 文档里，你需要使用`<a href="mailto:user@address.com">user@address.com</a>`这样的语法来创建一个可点击的电子邮件地址。能不能用正则表达式把一个电子邮件地址转换为这种可点击的地址格式呢？当然能，而且非常容易，但前提是得使用反向引用，如下所示：

**文本**

```
Hello, ben@forta.com is my email address.
```

**正则表达式**

```
(\w+[\w\.]*@[\w\.]+\.\w+)
```

**替换**

```
<a href="mailto:$1">$1</a>
```

**结果**

```
Hello, <a href="mailto:ben@forta.com">ben@forta.com</a>
is my email address.
```

**分析**

替换操作需要用到两个正则表达式：一个用来指定搜索模式，另一个用来指定替换模式。反向引用可以跨模式使用，在第一个模式里匹配的子表达式可以用在第二个模式里。这里使用的模式`(\w+[\w\.]*@[\w\.]+\.\w+)`与以前用到的完全一样（匹配电子邮件地址），但这次把它写成了一个子表达式。这样一来，被匹配到的文本就可以用于替换模式了。<a href="mailto:$1">$1</a>使用了两次已匹配的子表达式：一次是在 href 属性里（用于指定 mailto:），另一次是作为可点击文本。所以，ben@forta.com 变成了<a href="mailto:ben@forta.com"> ben@forta.com </a>，而这正是我们想要的结果。

**警告** 如前所述，你需要根据所使用的正则表达式实现修改反向引用指示符。例如，JavaScript 用户需要用$来代替\。

**提示** 正如你在上面这个例子里看到的那样，同一个子表达式可以被多次引用，只需在用到的地方写出其反向引用形式即可。

再来看一个例子。在一个保存用户信息的数据库里，电话号码的保存格式为 313-555-1234。现在，你需要把电话号码的格式重新调整为 (313) 555-1234。下面就是这个例子：

**文本**

```
313-555-1234
248-555-9999
810-555-9000
```

**正则表达式**

```
(\d{3})(-)(\d{3})(-)(\d{4})
```

**替换**

```
($1) $3-$5
```

**结果**

```
(313) 555-1234
(248) 555-9999
(810) 555-9000
```

**分析**

和刚才一样，这里也使用了两个正则表达式模式。第一个模式看起来很复杂，我们来分析一下。(\d{3})(-)(\d{3})(-)(\d{4})用来匹配一个电话号码，它被划分为 5 个子表达式（彼此独立）：第一个子表达式`(\d{3})`匹配前 3 位数字，第二个子表达式`(-)`匹配-字符，等等。最终的结果是一个电话号码被划分成了 5 个部分（每个部分对应着一个子表达式）：区号、一个连字符、电话号码的前 3 位数字、又一个连字符、电话号码的后 4 位数字。这 5 个部分都可以单独拿出来使用，所以`($1) $3-$5`只用到了其中 3 个子表达式就完成了格式调整，剩下的 2 个没有用到，但这已足以把`313-555-1234`转换为`(313) 555-1234`。

**提示**　在调整文本格式的时候，把文本分解成多个子表达式的做法往往非常有用，这样可以更精细地控制文本。

## 大小写转换

有些正则表达式实现允许我们使用表 8-1 列出的元字符对字母进行大小写转换。

表 8-1　用来进行大小写转换的元字符

| 元字符 | 说　明 |
| --- | --- |
| `\E` | 结束`\L`或`\U`转换 |
| `\l` | 把下一个字符转换为小写 |
| `\L` | 把`\L`到`\E`之间的字符全部转换为小写 |
| `\u` | 把下一个字符转换为大写 |
| `\U` | 把`\U`到`\E`之间的字符全部转换为大写 |

`\l`和`\u`可以放置在字符（或子表达式）之前，转换下一个字符的大小写。`\L`和`\U`可以转换其与`\E`之间所有字符的大小写。

来看一个简单的例子，即把一级标题`<h1>`转换为大写：

**文本**

```
<body>
<h1>Welcome to my Homepage</h1>
Content is divided into two sections:<br/>
<h2>SQL</h2>
Information about SQL.
<h2>RegEx</h2>
Information about Regular Expressions.
```

```
<h2>This is not valid HTML</h3>
</body>
```

**正则表达式**

```
(<[Hh]1>)(.*?)(<\/[Hh]1>)
```

**替换**

```
$1\U$2\E$3
```

**结果**

```
<body>
<h1>WELCOME TO MY HOMEPAGE</h1>
Content is divided into two sections:<br/>
<h2>SQL</h2>
Information about SQL.
<h2>RegEx</h2>
Information about Regular Expressions.
<h2>This is not valid HTML</h3>
</body>
```

**分析**

模式`(<[Hh]1>)(.*?)(<\/[Hh]1>)`把一级标题分成了 3 个子表达式：开始标签、标题文字、结束标签。第二个模式再把文本重新组合起来：`$1` 包含开始标签，`\U$2\E` 把第二个子表达式（标题文字）转换为大写，`$3` 包含结束标签。

## 8.4 小结

子表达式用来定义字符或表达式的集合。除了可以用于重复匹配（详见第 7 章），还可以在模式的内部被引用。这种引用被称为反向引用（遗憾的是，反向引用的语法在不同的正则表达式中存在差异）。在文本匹配和替换操作中，反向引用颇为有用。

# 第 9 章 环视

到目前为止，我们见过的正则表达式都是用来匹配文本的，但有时你可能想用正则表达式标记要匹配的文本位置（而不是文本自身）。这就要用到环视（lookaround，能够前后查看）了，这正是本章要讨论的话题。

## 9.1 环视简介

我们还是先来看一个例子：你要把一个 Web 页面的页面标题提取出来。HTML 页面标题是出现在`<title>`和`</title>`标签之间的文字，而这对标签又必须位于 HTML 代码的`<head>`部分里。下面就是这个例子：

**文本**

```
<head>
<title>Ben Forta's Homepage</title>
</head>
```

**正则表达式**

```
<[tT][iI][tT][lL][eE]>.*<\/[tT][iI][tT][lL][eE]>
```

**结果**

```
<head>
<title>Ben Forta's Homepage</title>
</head>
```

**分析**

`<[tT][iI][tT][lL][eE]>.*<\/[tT][iI][tT][lL][eE]>`匹配的是`<title>`标签（大写、小写或大小写混用）、`</title>`标签以及两者之间的文字。这个模式还是管用的。

确实如此么？你需要的是标题文字，但得到的还包含`<title>`和`</title>`标签。能不能只返回文字部分呢？

办法之一是使用子表达式（参见第 7 章）。我们可以利用子表达式把被匹配文本划分为 3 个部分：开始标签、标题文字、结束标签。把被匹配文本划分为多个部分之后，从其中提取所需的部分就很容易了。

可是，明知是自己不需要的东西，还把它们检索出来，然后再手动删除，这种做法毫无意义。你真正需要的是想办法构造出一种模式，该模式中包含一些不用被返回的匹配——这些匹配是为了找出正确的匹配位置，其自身不属于最终的匹配结果。换句话说，你需要进行“环视”。

**注意** **向前查看**（lookahead）和**向后查看**（lookbehind）本章都会讨论。所有主流的正则表达式实现都支持前者，但支持后者的就没那么多了。

Java、.NET、PHP、Python 和 Perl 都支持向后查看（其中一些有限制），JavaScript 则不支持。

## 9.2 向前查看

向前查看指定了一个必须匹配但不用在结果中返回的模式。向前查看其实就是一个子表达式，而且从格式上看也确实如此。向前查看模式的语法是一个以`?=`开头的子表达式，需要匹配的文本跟在`=`的后面。

**提示** 有些正则表达式文档使用术语“消耗”（consume）来表述“匹配和返回文本”的含义。向前查看“不消耗”（not consume）所匹配的文本。

我们来看一个例子。下面的文本中包含了一系列 URL 地址，而你的任务是提取每个地址的协议部分（为下一步处理做准备）：

**文本**

```
http://www.forta.com/
https://mail.forta.com/
ftp://ftp.forta.com/
```

**正则表达式**

```
.+(?=:)
```

**结果**

```
http://www.forta.com/
https://mail.forta.com/
ftp://ftp.forta.com/
```

**分析**

在上面列出的 URL 地址里，协议名与主机名之间以一个:分隔。模式.+匹配任意文本（第一个匹配是http），子表达式(?=:)匹配:。但是注意，被匹配到的:并没有出现在最终的匹配结果里。?=告诉正则表达式引擎：匹配:只是为了向前查看（不用消耗该字符）。

为了更好地理解?=的作用，我们再来看一个同样的例子，但这次不使用向前查看元字符：

**文本**

```
http://www.forta.com/
https://mail.forta.com/
ftp://ftp.forta.com/
```

**正则表达式**

```
.+(:)
```

**结果**

```
http://www.forta.com/
https://mail.forta.com/
ftp://ftp.forta.com/
```

**分析**

子表达式(:)正确匹配并消耗了:，该字符被作为最终匹配结果的一部分返回。

这两个例子的区别在于，匹配:的时候前者使用的模式是(?=:)，而后者使用的模式是(:)。两种模式匹配到的东西是一样的，都是紧跟在协议名后面的那个:，不同之处是匹配到的:是否出现在最终的匹配结果之中。在使用向前查看的时候，正则表达式解析器将向前查看并处理:匹配，但不会把它包括在最终结果里。模式.+(:)查找文本并包含:，模式.+(?=:)查找文本，但不包含:。

**注意** 向前查看和向后查看其实是有返回结果的，只不过结果永远都是零长度字符串。因此，环视操作有时也被称为零宽度（zero-width）匹配操作。

**提示** 任何子表达式都可以转换为向前查看表达式，只要在其之前加上一个?=即可。在同一个搜索模式里可以使用多个向前查看表达式，出现的位置没有任何限制（而不仅仅是出现在模式的开头，就像上面例子中那样）。

## 9.3 向后查看

正如你刚看到的那样，?=是向前查看的（它查看已匹配文本之后的内容，但不消耗这些内容）。因此，?=被称为向前查看操作符。除了向前查看，许多正则表达式实现还支持向后查看，也就是查看出现在已匹配文本之前的内容，向后查看操作符是?<=。

**提示** 分不清?=与?<=的话，教你一个办法：包含指向文本后方箭头（<符号）的操作符就是向后查看[①]。

?<=的用法与?=一样。它必须出现在一个子表达式里，后面跟随要匹配的文本。

下面是一个例子。你从某个数据库里搜索出了一份产品清单，但你只需要产品价格：

① 因为要匹配文本相对于模式的方向（对应“向前查看”的“前”）与文本阅读方向正相反，记忆向后查看<号的方向容易引起误解，所以可以直接将“?<=”读成“向……之后查看”。——译者注

**文本**

```
ABC01: $23.45
HGG42: $5.31
CFMX1: $899.00
XTC99: $69.96
Total items found: 4
```

**正则表达式**

```
\$[0-9.]+
```

**结果**

```
ABC01: $23.45
HGG42: $5.31
CFMX1: $899.00
XTC99: $69.96
Total items found: 4
```

**分析**

`\$`匹配`$`字符，`[0-9.]+`匹配价格。

匹配结果正确。但如果不想让`$`字符出现在最终的匹配结果里，该怎么办？从这个模式里简单地把`\$`去掉能达到目的吗？

**文本**

```
ABC01: $23.45
HGG42: $5.31
CFMX1: $899.00
XTC99: $69.96
Total items found: 4
```

**正则表达式**

```
[0-9.]+
```

**结果**

```
ABC01: $23.45
HGG42: $5.31
CFMX1: $899.00
XTC99: $69.96
Total items found: 4
```

**分析**

显然不行。你得靠`\$`来确定应该匹配哪些文本，但不想让`$`字符出现在最终的匹配结果里。

怎么办？使用向后查看匹配，如下所示：

**文本**

```
ABC01: $23.45
HGG42: $5.31
CFMX1: $899.00
XTC99: $69.96
Total items found: 4
```

**正则表达式**

```
(?<=\$)[0-9.]+
```

**结果**

```
ABC01: $23.45
HGG42: $5.31
CFMX1: $899.00
XTC99: $69.96
Total items found: 4
```

**分析**

问题迎刃而解。`(?<=\$)`匹配$字符，但不消耗它，最终的匹配结果里只有价格数字（没有打头的$字符）。

我们来对比一下这个例子的第一个和最后一个表达式：`\$[0-9.]+`匹配一个$字符和一个美元金额；`(?<=\$)[0-9.]+`也匹配一个$字符和一个美元金额。这两个模式所查找的东西是一样的，它们之间的区别体现在最终的匹配结果里。前者的匹配结果包含$字符，后者的匹配结果不包含$字符，虽然它必须通过匹配$字符才能正确地找到那些价格数字。

**警告** 向前查看模式的长度是可变的，其中可以包含`.`和`+`等量词，所以非常灵活。

向后查看模式则只能是固定长度。几乎所有的正则表达式实现都有此限制。

## 9.4 结合向前查看和向后查看

向前查看和向后查看可以组合在一起使用，如下例所示（这个例子解决了我们在本章刚开始时提出的问题）：

**文本**

```
<head>
<title>Ben Forta's Homepage</title>
</head>
```

**正则表达式**

```
(?<=<[tT][iI][tT][lL][eE]>).*(?=</[tT][iI][tT][lL][eE]>)
```

**结果**

```
<head>
<title>Ben Forta's Homepage</title>
</head>
```

**分析**

问题解决了。(?<=<[tT][iI][tT][lL][eE]>)是一个向后查看操作，它匹配（但不消耗）<title>；(?=</[tT][iI][tT][lL][eE]>)则是一个向前查看操作，它匹配（但不消耗）</title>。最终返回的匹配结果仅包含标题文字（这是该正则表达式所消耗的全部内容）。

**提示**　为减少歧义，在上面这个例子里，你应该对<（需要匹配的第一个字符）进行转义，也就是把(?<=<替换为(?<=\<。

## 9.5 否定式环视

到目前为止，向前查看和向后查看通常都是用来匹配文本，主要用于指定作为匹配结果返回的文本位置（指明所需匹配之前或之后的文本）。这种用法被称为**肯定式向前查看**（positive lookahead）和**肯定式向后查看**（positive lookbehind）。术语"肯定式"（positive）是指要执行的是匹配操作。

环视还有一种不太常见的形式叫作**否定式环视**（negative lookaround）。**否定式向前查看**（negative lookahead）会向前查看不匹配指定模式的文本，**否定式向后查看**（negative lookbehind）则向后查看不匹配指定模式的文本。

你可能想使用^来否定环视，但是不行，语法是不一样的。要想否定环视操作，得使用!（用其代替=）。表 9-1 列出了所有的环视操作。

表 9-1 各种环视操作

| 种 类 | 说 明 |
| --- | --- |
| `(?=)` | 肯定式向前查看 |
| `(?!)` | 否定式向前查看 |
| `(?<=)` | 肯定式向后查看 |
| `(?<!)` | 否定式向后查看 |

**提示** 一般来说，凡是支持向前查看的正则表达式实现也都支持肯定式向前查看和否定式向前查看。类似地，凡是支持向后查看的正则表达式实现也都支持肯定式向后查看和否定式向后查看。

为了演示肯定式向后查看和否定式向后查看之间的区别，我们来看一个例子。下面是一段包含数值的文本，其中既有价格又有数量。我们先来获取价格：

**文本**

```
I paid $30 for 100 apples,
50 oranges, and 60 pears.
I saved $5 on this order.
```

**正则表达式**

```
(?<=\$)\d+
```

**结果**

```
I paid $30 for 100 apples,
50 oranges, and 60 pears.
I saved $5 on this order.
```

**分析**

这和先前的例子差不多。\d+匹配数值（一个或多个数字字符），

(?<=\$)向后查看（但不消耗）$字符（在模式里被转义为\$）。这个模式正确地匹配到了两个用来表示价格的数值，那些用来表示数量的数字没有出现在最终的匹配结果里。

现在，我们来做相反的操作，只查找数量，不要价格：

**文本**

```
I paid $30 for 100 apples,
50 oranges, and 60 pears.
I saved $5 on this order.
```

**正则表达式**

```
\b(?<!\$)\d+\b
```

**结果**

```
I paid $30 for 100 apples,
50 oranges, and 60 pears.
I saved $5 on this order.
```

**分析**

\d+还是匹配数值，但这次只匹配数量，不匹配价格。表达式(?<!\$)是一个否定式向后查看，仅当数字前面的字符不是$时才匹配。把向后查看操作符中的=改为!，模式就从肯定式向后查看变成了否定式向后查看。

你可能想知道为什么在上面的模式中还使用\b指定了单词边界。看过下面这个没有使用单词边界的例子你就明白原因了：

**文本**

```
I paid $30 for 100 apples,
50 oranges, and 60 pears.
I saved $5 on this order.
```

**正则表达式**

```
(?<!\$)\d+
```

**结果**

```
I paid $30 for 100 apples,
50 oranges, and 60 pears.
I saved $5 on this order.
```

**分析**

因为没有使用单词边界，所以`$30`里的`0`也出现在了最终的匹配结果里。这是因为那个字符`0`的前一个字符是`3`而不是`$`字符，它完全符合模式`(?<!\$)\d+`的匹配要求。把整个模式放进单词边界中就可以解决这个问题了。

## 9.6 小结

环视可以更精细地控制最终的返回结果。环视操作允许利用子表达式来指定文本匹配操作的发生位置，但同时又不会消耗匹配到的文本（不出现在最终的匹配结果里）。肯定式向前查看使用`(?=)`来定义，否定式向前查看使用`(?!)`来定义。有些正则表达式实现还支持肯定式向后查看（相应的操作符是`(?<=)`）和否定式向后查看（相应的操作符是`(?<!)`）。

# 第 10 章 嵌入式条件

正则表达式语言还有一个威力强大但不经常被用到的特性：在表达式的内部嵌入条件处理。本章将对此做专题讨论。

## 10.1 为什么要嵌入条件

(123)456-7890 和 123-456-7890 都是可接受的北美电话号码格式，而 1234567890、(123)-456-7890 和(123-456-7890)虽然都包含数目正确的数字字符，但格式都不对。如果让你来编写一个只匹配可接受格式的正则表达式，该怎么做?

这可不是个简单的问题。下面是最容易想到的解决方案：

**文本**

```
123-456-7890
(123)456-7890
(123)-456-7890
(123-456-7890
1234567890
123 456 7890
```

**正则表达式**

```
\(?\d{3}\)?-?\d{3}-\d{4}
```

**结果**

```
123-456-7890
(123)456-7890
(123)-456-7890
(123-456-7890
1234567890
123 456 7890
```

**分析**

\(?匹配一个可选的左括号（注意，这里必须对(进行转义），\d{3}匹配前 3 位数字，\)?匹配一个可选的右括号，-?匹配一个可选的连字符，\d{3}-\d{4}匹配剩余的 7 位数字（中间用一个连字符分隔）。该模式没有匹配到最后两行，这是正确的，但匹配到了第 3 行和第 4 行，这就不正确了（第 3 行的)后面多了一个-，第 4 行少了一个配对的)）。

把\)?-?替换为[\)-]?可以排除第 3 行（只允许出现)或-，两者不能同时存在），但第 4 行还是无法排除。正确的模式应该只在电话号码里有一个（的时候才去匹配)。更准确地说，如果电话号码里有一个(，模式就需要去匹配)；如果不是这样，那就得去匹配-。这种模式如果不使用条件处理根本无法编写。

**警告** 并非所有的正则表达式实现都支持条件处理。

## 10.2 正则表达式里的条件

正则表达式里的条件要用?来定义。事实上，我们已经见过几种非常具体的条件了。

- ?匹配前一个字符或表达式，如果它存在的话。
- ?=和?<=匹配前面或后面的文本，如果它存在的话。

嵌入式条件语法也使用了?，这并没有什么让人感到吃惊的地方，因为嵌入式条件不外乎以下两种情况。

- 根据反向引用来进行条件处理。
- 根据环视来进行条件处理。

### 10.2.1 反向引用条件

反向引用条件仅在一个前面的子表达式得以匹配的情况下才允许使用另一个表达式。听起来很费解，我们还是用一个例子来说明：你需要把一段文本里的<img>标签全都找出来；不仅如此，如果某个<img>标签是一个链接（位于<a>和</a>标签之间）的话，你还要匹配整个链接标签。

用来定义这种条件的语法是(?(backreference)true)，其中?表明这是一个条件，括号里的 backreference 是一个反向引用，仅当反向引用立即出现时，才对表达式求值。

请看下面这个例子：

**文本**

```
<!-- Nav bar -->
<div>
<a href="/home"><img src="/images/home.gif"></a>
<img src="/images/spacer.gif">
<a href="/search"><img src="/images/search.gif"></a>
<img src="/images/spacer.gif">
<a href="/help"><img src="/images/help.gif"></a>
</div>
```

**正则表达式**

```
(<[Aa]\s+[^>]+>\s*)?<[Ii][Mm][Gg]\s+[^>]+>(?(1)\s*<\/[Aa]>)
```

**结果**

```
<!-- Nav bar -->
<div>
<a href="/home"><img src="/images/home.gif"></a>
<img src="/images/spacer.gif">
<a href="/search"><img src="/images/search.gif"></a>
<img src="/images/spacer.gif">
<a href="/help"><img src="/images/help.gif"></a>
</div>
```

**分析**

该模式不解释是不容易看明白的。(<[Aa]\s+[^>]+>\s*)?匹配一个<A>或<a>标签（以及可能存在的任意属性），这个标签可有可无（因为这个子表达式的最后有一个?）。接下来，<[Ii][Mm][Gg]\s+[^>]+>匹配一个<img>标签（大小写均可）及其任意属性。(?(1)\s*<\/[Aa]>)的起始部分是一个条件：?(1)表示仅当第一个反向引用（<A>标签）存在，才继续匹配\s*<\/[Aa]>（换句话说，只有当第一个<A>标签匹配成功，才去执行后面的匹配）。如果(1)存在，\s*<\/[Aa]>匹配结束标签</A>之后出现的任意空白字符。

**注意** ?(1)检查第一个反向引用是否存在。在条件里，反向引用编号（本例中的1）在条件中不需要被转义。因此，?(1)是正确的，?(\1)则不正确（但后者通常也能用）。

我们刚才使用的模式只在给定条件得到满足时才执行表达式。条件还可以有else表达式，仅当给定的反向引用不存在（也就是不符合条件）时才执行该表达式。用来定义这种条件的语法是(?(backreference)true|false)。此语法接受一个条件和两个分别在符合/不符合该条件时执行的表达式。

这种语法提供了电话号码问题的解决方案，如下所示：

**文本**

```
123-456-7890
(123)456-7890
(123)-456-7890
(123-456-7890
1234567890
123 456 7890
```

**正则表达式**

```
(\()?\d{3}(?(1)\)|-)\d{3}-\d{4}
```

**结果**

```
123-456-7890
(123)456-7890
(123)-456-7890
(123-456-7890
1234567890
123 456 7890
```

**分析**

从结果看，问题解决了，但它是如何解决的呢？和前面一样，(\()?负责检查左括号，但我们这次将其放入了括号中，这样就得到了一个子表达式。随后的\d{3}匹配3位数字的区号。依赖于是否满足条件，(?(1)\)|-)匹配)或-。如果(1)存在（也就是找到了一个左括号），必须匹配\)；否则，必须匹配-。这样一来，括号就只能成对出现。如果没有使用括号，电话区号和其余数字之间的-分隔符必须被匹配。为什么

没有匹配第 4 行？因为左括号(没有与之匹配的右括号)，所以嵌入条件被视为无关文本，完全被忽略了。

**提示**　嵌入了条件的模式一眼看上去非常复杂，这意味着调试工作会变得非常困难。比较好的办法是，先构建和测试整个模式的各个组成部分，再把它们组合到一起。

### 10.2.2　环视条件

环视条件允许根据向前查看或向后查看操作是否成功来决定要不要执行表达式。环视条件的语法与反向引用条件的语法大同小异，只需把反向引用（括号里的反向引用编号）替换为一个完整的环视表达式就行了。

**注意**　环视操作的详细讨论见第 9 章。

作为一个例子，请思考一下怎样匹配美国邮政编码（U.S ZIP code）。美国邮政编码有两种格式，一种是 `12345` 形式的 ZIP 编码，另一种是 `12345-6789` 形式的 ZIP+4 编码。只有 ZIP+4 编码才必须使用连字符。下面是一种解决方法：

**文本**

```
11111
22222
33333-
44444-4444
```

**正则表达式**

```
\d{5}(-\d{4})?
```

**结果**

```
11111
22222
33333-
44444-4444
```

**分析**

`\d{5}`匹配前 5 位数字，`(-\d{4})?`匹配一个连字符和后 4 位数字

（这部分要么都出现，要么都不出现）。

但是，如果你不想匹配那些错误格式的 ZIP 编码，该怎么办？比如说，例子中的第 3 行末尾有一个不应该出现在那里的连字符。怎样才能让这个格式不正确的 ZIP 编码不出现在最终的匹配结果里呢？

下面这个例子可能看起来有点刻意，但它直截了当地演示了环视条件的用法：

**文本**

```
11111
22222
33333-
44444-4444
```

**正则表达式**

```
\d{5}(?(?=-)-\d{4})
```

**结果**

```
11111
22222
33333-
44444-4444
```

**分析**

`\d{5}`匹配前 5 位数字。接下来是`(?(?=-)-\d{4})`形式的条件。这个条件使用向前查看`?=-`来匹配（但不消耗）一个连字符，如果符合条件（连字符存在），那么`-\d{4}`将匹配该连字符和随后的 4 位数字。这样一来，`33333-`就被排除在最终的匹配结果之外了（它有一个连字符，所以满足给定条件，但末尾缺少额外的 4 位数字）。

向前查看和向后查看（肯定式和否定式皆可）都可作为条件，也可使用可选的 else 表达式（语法和之前看到的一样，即`|expression`）。

**提示** 环视条件用的并不是很多，因为使用更简单的方法往往可以实现差不多的结果。

## 10.3 小结

在正则表达式模式里可以嵌入条件，只有满足条件（或者没有满足）的时候，才执行相应的表达式。条件可以是反向引用（检查其是否存在），也可以是环视操作。

# 第 11 章

# 常见问题的正则表达式解决方案

本章收集并详细解释了一些非常实用的正则表达式。本章目的有两个：一是使用实例总结全书内容，二是提供一些现成的常用模式助你一臂之力。

**注意** 本章展示的例子并不是最终答案。你如今应该很清楚，与正则表达式有关的问题很少会有什么终极答案。更常见的情况是取决于对不确定性的容忍程度，同时存在着多种解决方法，在正则表达式性能与其所能够处理的场景之间总是存在着权衡。理解了这一点，就可以放心使用这里给出的模式了（可以根据需要对其做出改动）。

## 11.1 北美电话号码[①]

North American Numbering Plan（北美编号方案）对北美地区的电话号码格式做出了定义。根据这一方案，北美地区（美国、加拿大、加勒

① **中国固定电话号码**

我国的固定电话号码的规律是，最开始的位一定是 0，表示长途冠码，接着是 2~3 位数字组成的区号，最后是 7 位或者 8 位的电话号码，其中首位不为 1（1 用于特殊用途）。国内常见的电话号码写法有：(029)8845 7890，(029)88457890，029-885 7890，029-88457890。对应的正则表达式可以写为（记住，不仅要匹配符合条件的号码，还要排除不符合条件的号码，这也是该正则表达式看起来比较复杂的原因）：`((?=\()\(0[1-9]\d{1,2}\)|0[1-9]\d{1,2}-)\d{2,4}\s?\d{3,4}`。

——译者注

比海地区大部以及其他几个地区）的电话号码由一个 3 位数的区号和一个 7 位数的号码构成（这 7 位数字又分成一个 3 位数的局号和一个 4 位数的线路号，局号和线路号之间用连字符分隔）。每位电话号码可以是任意数字，但区号和局号的第一位数字不能是 0 或 1。在书写电话号码的时候，人们往往把区号放在括号里，而且还会在区号与实际电话号码之间加上一个连字符来分隔它们。匹配`(555) 555-5555`（右括号的后面有一个空格）、`(555)555-5555`、`555-555-5555` 中的某一个很简单，但要想编写一个能够同时匹配这些电话号码的模式就不那么容易了。

**文本**

```
J. Doe: 248-555-1234
B. Smith: (313) 555-1234
A. Lee: (810)555-1234
```

**正则表达式**

```
\(?[2-9]\d\d\)?[ -]?[2-9]\d\d-\d{4}
```

**结果**

```
J. Doe: 248-555-1234
B. Smith: (313) 555-1234
A. Lee: (810)555-1234
```

**分析**

该模式以`\(?`开头，看起来怪怪的，它负责匹配用来括住区号的括号——这对括号是可选的，`\(`匹配`(`，`?`表示匹配`(`的零次或一次出现。接下来的`[2-9]\d\d`负责匹配一个 3 位数的区号（第一位数字必须是 2~9）。`\)?`匹配一个可选的右括号，`[ -]?`匹配一个可选的空格或连字符。`[2-9]\d\d-\d{4}`匹配电话号码的剩余部分：一个 3 位数的局号（第一位数字必须是 2~9）、一个连字符和最后 4 位数字。

只需稍做修改，这个模式就可以用来匹配北美电话号码的其他格式。比如像 `555.555.5555` 这样的号码。

**文本**

```
J. Doe: 248-555-1234
B. Smith: (313) 555-1234
A. Lee: (810)555-1234
M. Jones: 734.555.9999
```

**正则表达式**

```
[\(.]?[2-9]\d\d[\).]?[ -]?[2-9]\d\d[-.]\d{4}
```

**结果**

```
J. Doe: 248-555-1234
B. Smith: (313) 555-1234
A. Lee: (810)555-1234
M. Jones: 734.555.9999
```

**分析**

该模式的开头部分使用字符集合`[\(.]?`匹配可选的`(`或`.`字符。类似地，`[\).]?`匹配可选的`)`或`.`字符，`[-.]`匹配`-`或`.`字符。只要把这两个例子看明白了，你就可以轻而易举地把其他电话号码格式也添加到你的模式里。

## 11.2 美国ZIP编码①

美国于 1963 年开始使用 ZIP 编码（ZIP 是 Zone Improvement Plan 的首字母缩写）。美国目前有 4 万多个 ZIP 编码，它们全都由数字构成（第一位数字代表从美国东部到西部的一个地域，0 代表东海岸地区，9 代表西海岸地区）。在 1983 年，美国邮政总局开始使用扩展 ZIP 编码，简称 ZIP+4 编码。新增加的 4 位数字对信件投送区域做了更细致的划分（细化到某个特定的城市街区或某幢特定的建筑物），这大大提高了信件的投送效率和准确性。不过，ZIP+4 编码的使用是可选的，所以对 ZIP 编码进行检查通常必须同时照顾到 5 位数字的 ZIP 编码和 9 位数字的 ZIP+4 编码（ZIP+4 编码中的后 4 位数字与前 5 位数字之间要用一个连字符隔开）。

**文本**

```
999 1st Avenue, Bigtown, NY, 11222
123 High Street, Any City, MI 48034-1234
```

① **中国邮政编码**
我国邮政编码的规则是，前两位表示省、市、自治区，第三位代表邮区，第四位代表县、市，最后两位代表投递邮局。共 6 位数字，其中第二位不为 8（港澳前两位为 99，其余省市为 0~7）。对应的正则表达式可以写为：`\d(9|[0-7])\d{4}`。
——译者注

**正则表达式**

```
\d{5}(-\d{4})?
```

**结果**

```
999 1st Avenue, Bigtown, NY, 11222
123 High Street, Any City, MI 48034-1234
```

**分析**

\d{5}匹配任意 5 位数字，-\d{4}匹配一个连字符和后 4 位数字。因为后 4 位数字是可选的，所以要把-\d{4}用括号括起来（这使它成为了一个子表达式），再用一个?来表明这个子表达式最多只允许出现一次。

## 11.3　加拿大邮政编码

加拿大邮政编码由 6 个交替出现的字母和数字字符构成。每个编码分成两部分：前 3 个字符给出了 FSA（forward sortation area，**转发分拣区**）代码，后 3 个字符给出了 LDU（local delivery unit，**本地投递单位**）代码。FSA 代码的第一个字符用来表明省、市或地区（这个字符有 18 种有效的选择，比如 A 代表纽芬兰地区，B 代表新斯科舍地区，K、L、N 和 P 代表安大略省，M 代表多伦多市，等等），模式应该对此作出验证，确保这个字符的有效性。在书写加拿大邮政编码的时候，FSA 代码和 LDU 代码之间通常要用一个空格隔开。

**文本**

```
123 4th Street, Toronto, Ontario, M1A 1A1
567 8th Avenue, Montreal, Quebec, H9Z 9Z9
```

**正则表达式**

```
[ABCEGHJKLMNPRSTVXY]\d[A-Z] \d[A-Z]\d
```

**结果**

```
123 4th Street, Toronto, Ontario, M1A 1A1
567 8th Avenue, Montreal, Quebec, H9Z 9Z9
```

**分析**

[ABCEGHJKLMNPRSTVXY]匹配 18 个有效字符中的任意一个，\d[A-Z]匹配单个数字和紧随其后的任意字母，二者加在一起就能够匹配 FSA 代

码。\d[A-Z]\d 匹配 LDU 代码，也就是任意两个数字字符之间夹着任意一个字母。

**注意** 这个匹配加拿大邮政编码的正则表达式不用区分字母大小写。

## 11.4 英国邮政编码

英国邮政编码由 5~7 个字母和数字构成，这些编码是由英国皇家邮政局（royal mail）定义的。英国邮政编码分为两部分：外部邮政编码［或称**外码**（outcode）］和内部邮政编码［或称**内码**（incode）］。外码是一到两个字母后面跟着一到两位数字，或者是一到两个字母后面跟着一个数字和一个字母。内码永远是一位数字后面跟着两个字母（除 C、I、K、M、O 和 V 以外的任意字母，这 6 个字母不会在邮政编码中出现）。内码和外码之间要用一个空格隔开。

**文本**

```
171 Kyverdale Road, London N16 6PS
33 Main Street, Portsmouth, P01 3AX
18 High Street, London NW11 8AB
```

**正则表达式**

```
[A-Z]{1,2}\d[A-Z\d]? \d[ABD-HJLNP-UW-Z]{2}
```

**结果**

```
171 Kyverdale Road, London N16 6PS
33 Main Street, Portsmouth, P01 3AX
18 High Street, London NW11 8AB
```

**分析**

在该模式中，[A-Z]{1,2}\d 匹配一到两个字母以及紧跟着的一位数字，随后的 [A-Z\d]? 匹配一个可选的字母或数字字符。于是，[A-Z]{1,2}\d[A-Z\d]? 可以匹配任何一种有效的外码组合。内码部分由 \d[ABD-HJLNP-UW-Z]{2} 负责匹配，它可以匹配任意一位数字和紧随其后的两个允许出现在内码里的字母（A、B、D～H、J、L、N、P～U、W～Z）。

**注意**　这个匹配英国邮政编码的正则表达式不用区分字母大小写。

## 11.5 美国社会安全号码[①]

美国社会安全号码（social security number，简称 SSN）由 3 组数字组成，彼此之间以连字符分隔：第一组包含 3 位数字，第二组包含 2 位数字，第三组包含 4 位数字。从 1972 年起，美国政府开始根据 SSN 申请人提供的住址来分配第一组里的 3 位数字。

**文本**

```
John Smith: 123-45-6789
```

**正则表达式**

```
\d{3}-\d{2}-\d{4}
```

**结果**

```
John Smith: 123-45-6789
```

**分析**

`\d{3}-\d{2}-\d{4}`将依次匹配：任意 3 位数字、一个连字符、任意 2 位数字、一个连字符、任意 4 位数字。

**注意**　大多数数字组合都是有效的 SSN，但在实际中，还是要满足几项要求。首先，有效的 SSN 中不能出现全 0 字段；其次，第一组数字（到目前为止）不得大于 728（因为 SSN 还没分配过这么大的数字，但以后也许会有）。但是，这样将会是一个非常复杂的模式，所以通常使用的还是比较简单的`\d{3}-\d{2}-\d{4}`。

① **中华人民共和国公民身份号码**

共 18 位。前 6 位是地区代码，其中第一位取值范围是 1 ~ 8；接下来 8 位是出生年月日；后续 3 位是顺序码；最后 1 位是校验码（数字或者 X）。对应的正则表达式可以写为：`[1-8]\d{16}[0-9X]`。——译者注

## 11.6 IP地址

IP 地址由 4 个字节构成（这 4 个字节的取值范围都是 0~255）。IP 地址通常被写成 4 组以`.`字符分隔的整数（每个整数由 1~3 位数字构成）。

**文本**

```
localhost is 127.0.0.1.
```

**正则表达式**

```
(((\d{1,2})|(1\d{2})|(2[0-4]\d)|(25[0-5]))\.){3}
➥((\d{1,2})|(1\d{2})|(2[0-4]\d)|(25[0-5]))
```

**结果**

```
localhost is 127.0.0.1.
```

**分析**

该模式使用了一系列嵌套子表达式。`(((\d{1,2})|(1\d{2})|(2[0-4]\d)|(25[0-5]))\.)`由 4 个嵌套子表达式组成：`(\d{1,2})`匹配任意 1 位或 2 位数字（0~99），`(1\d{2})`匹配以`1`开头的任意 3 位数字（100~199），`(2[0-4]\d)`匹配整数 200~249；`(25[0-5])`匹配整数 250~255。这 4 部分通过`|`操作符（其含义是只需匹配其中一部分即可）形成了一个子表达式。随后的`\.`用来匹配`.`字符，它与前面又形成了一个更大的子表达式，接下来的`{3}`表明需要重复 3 次。最后，取值区间又出现了 1 次（这次省略了尾部的`\.`），以匹配最后一组数字。通过把 4 组数字全都限制在 0 到 255 之间，这个模式准确无误地做到了只匹配有效的 IP 地址，排除无效的 IP 地址。

**注意** 第 7 章对这个 IP 地址的例子做了详细的解释。

## 11.7 URL

匹配 URL 是一件相当有难度的任务，其复杂性取决于你想获得多么精确的匹配结果。URL 匹配模式至少应该匹配到协议（`http`或`https`）、主机名、可选的端口号和路径。

**文本**

```
http://www.forta.com/blog
https://www.forta.com:80/blog/index.cfm
http://www.forta.com
http://ben:password@www.forta.com/
http://localhost/index.php?ab=1&c=2
http://localhost:8500/
```

**正则表达式**

```
https?:\/\/[-\w.]+(:\d+)?(\/([\w\/_.]*)?)?
```

**结果**

```
http://www.forta.com/blog
https://www.forta.com:80/blog/index.cfm
http://www.forta.com
http://ben:password@www.forta.com/
http://localhost/index.php?ab=1&c=2
http://localhost:8500/
```

**分析**

`https?:\/\/`匹配 `http://`或 `https://`（`?`使得字符 `s` 成为可选项）。`[-\w.]+`匹配主机名。`(:\d+)?`匹配一个可选的端口号（参见上例中的第 2 行和第 6 行）。`(\/([\w\/_.]*)?)?`匹配路径：外层的子表达式匹配`/`（如果存在的话），内层的子表达式匹配路径本身。如你所见，这个模式无法处理查询字符串，也不能正确解读嵌在 URL 之中的“username:password”（用户名:密码）。不过，它已经足以处理绝大多数的 URL 了（匹配主机名、端口号和路径）。

**注意**　这个匹配 URL 的正则表达式不用区分字母大小写。

**提示**　如果你还想匹配使用了 ftp 协议的 URL，把 `https?`替换为 `(http|https|ftp)`即可。对于使用了其他协议的 URL 也可以按照类似的思路来匹配。

## 11.8 完整的URL

下面是一个更完整（也更慢）的URL匹配模式，它还可以匹配URL查询字符串（嵌在URL之中的变量信息，这部分与URL中的地址之间要用一个?隔开）以及可选的用户登录信息：

**文本**

```
http://www.forta.com/blog
https://www.forta.com:80/blog/index.cfm
http://www.forta.com
http://ben:password@www.forta.com/
http://localhost/index.php?ab=1&c=2
http://localhost:8500/
```

**正则表达式**

```
https?:\/\/(\w*:\w*@)?[-\w.]+(:\d+)?(\/([\w\/_.]*(\?\S+)?)?)?
```

**结果**

```
http://www.forta.com/blog
https://www.forta.com:80/blog/index.cfm
http://www.forta.com
http://ben:password@www.forta.com/
http://localhost/index.php?ab=1&c=2
http://localhost:8500/
```

**分析**

该模式是在前一个例子的基础上改进而来的。这次紧跟在`https?:\/\/`后面的是`(\w*:\w*@)?`，它匹配嵌入在URL之中的用户名和密码（用户名和密码要用`:`隔开，后面还要跟上一个`@`字符），参见这个例子中的第4行。另外，路径之后的`(\?\S+)?`负责匹配查询字符串，出现在`?`后面的文本是可选的，这可以使用`?`来表示。

**注意** 这个匹配URL的正则表达式不用区分字母大小写。

**提示** 为什么不使用这个模式代替上一个模式呢？就性能来说，越复杂的模式，执行速度越慢。如果不需要额外的功能，还是不使用它比较好。

## 11.9 电子邮件地址

正则表达式经常用于验证电子邮件地址，不过，即便是一个简单的电子邮件地址，验证起来也绝非易事。

**文本**

```
My name is Ben Forta, and my
email address is ben@forta.com.
```

**正则表达式**

```
(\w+\.)*\w+@(\w+\.)+[A-Za-z]+
```

**结果**

```
My name is Ben Forta, and my
email address is ben@forta.com.
```

**分析**

`(\w+\.)*\w+`负责匹配电子邮件地址里的用户名部分（`@`之前的所有内容）：`(\w+\.)*`匹配零次或多次出现的文本以及之后的`.`，`\w+`匹配必需的文本（例如，这种组合能够匹配`ben`和`ben.forta`）。接下来，`@`匹配`@`字符本身。`(\w+\.)+`至少匹配一个以`.`结束的字符串，`[A-Za-z]+`匹配顶层域名（`com`、`edu`、`us`、`uk`等）。

决定电子邮件地址格式有效性的规则极其复杂。该模式无法验证所有可能的电子邮件地址。比如说，这个模式会认为`ben..forta@forta.com`是有效的（显然无效），也不允许主机名部分使用IP地址（这种形式是可以的）。还是那句话，它足以验证大部分的电子邮件地址，所以还是可以拿来一用的。

**注意** 这个匹配电子邮件地址的正则表达式不用区分字母大小写。

## 11.10 HTML注释

HTML 页面里的注释必须位于`<!--`和`-->`标签之间（这两个标签必须至少包含两个连字符，多于两个也没有关系）。在浏览（或调试）Web

页面的时候，找出所有的注释是有用的。

**文本**

```
<!-- Start of page -->
<html>
<!-- Start of head -->
<head>
<title>My Title</title> <!-- Page title -->
</head>
<!-- Body -->
<body>
```

**正则表达式**

```
<!-{2,}.*?-{2,}>
```

**结果**

```
<!-- Start of page -->
<html>
<!-- Start of head -->
<head>
<title>My Title</title> <!-- Page title -->
</head>
<!-- Body -->
<body>
```

**分析**

`<!-{2,}`匹配 HTML 注释的开始标签，也就是`<!`后面紧跟着两个或更多个连字符的情况。`.*?`匹配 HTML 注释的文字部分（这里用的是懒惰型量词）。`-{2,}>`匹配 HTML 注释的结束标签。

**注意** 该模式匹配两个或更多个连字符，所以还可以用来查找 CFML 注释（这种注释的开始/结束标签里包含 3 个连字符）。不过，这个模式没有检查 HTML 注释的开始标签和结束标签中的连字符的个数是否配对（可以用来检查 HTML 注释的格式是否有误）。

## 11.11 JavaScript注释

JavaScript（以及包括 ActionScript 和 ECMAScript 变体在内的其他脚

本语言）代码里的注释均以//开头。正如上一个例子中所示，找出给定页面里的所有注释还是挺实用的。

**文本**

```
<script language="JavaScript">
// Turn off fields used only by replace
function hideReplaceFields() {
  document.getElementById('RegExReplace').disabled=true;
  document.getElementById('replaceheader').disabled=true;
}
// Turn on fields used only by replace
function showReplaceFields() {
  document.getElementById('RegExReplace').disabled=false;
  document.getElementById('replaceheader').disabled=false;
}
```

**正则表达式**

```
\/\/.*
```

**结果**

```
<script language="JavaScript">
// Turn off fields used only by replace
function hideReplaceFields() {
  document.getElementById('RegExReplace').disabled=true;
  document.getElementById('replaceheader').disabled=true;
}
// Turn on fields used only by replace
function showReplaceFields() {
  document.getElementById('RegExReplace').disabled=false;
  document.getElementById('replaceheader').disabled=false;
}
```

**分析**

该模式很简单：`\/\/.*`匹配//和紧随其后的注释内容。

## 11.12　信用卡号码

正则表达式无法验证信用卡号码是否真正有效，最终的结论要由信用卡的发行机构做出。但是，正则表达式可用于在对信用卡号码做进一步处理之前，把有输入错误的信用卡号码（比如多输入一位数字或少输入一位数字等情况）排除在外。

**注意** 这里使用的模式都假设信用卡号码里的空格和连字符已提前被去掉。一般来说，在使用正则表达式对信用卡号码进行匹配处理之前，先把其中的非数字字符去掉是一种不错的做法。

所有的信用卡都遵守着同一种基本的编号方案：以特定的数字序列开头，号码的总位数是一个固定的值。我们先来看看 MasterCard（万事达）卡的情况。

**文本**

```
MasterCard: 5212345678901234
Visa 1: 4123456789012
Visa 2: 4123456789012345
Amex: 371234567890123
Discover: 6011123456789012 34
Diners Club: 38812345678901
```

**正则表达式**

```
5[1-5]\d{14}
```

**结果**

```
MasterCard: 5212345678901234
Visa 1: 4123456789012
Visa 2: 4123456789012345
Amex: 371234567890123
Discover: 6011123456789012 34
Diners Club: 38812345678901
```

**分析**

MasterCard 卡的号码总长度是 16 位数字，第一位数字永远是 5，第二位数字是 1~5。`5[1-5]`匹配前 2 位数字，`\d{14}`匹配随后的 14 位数字。

Visa 卡的情况稍微复杂一些。

**文本**

```
MasterCard: 5212345678901234
Visa 1: 4123456789012
Visa 2: 4123456789012345
```

```
Amex: 371234567890123
Discover: 601112345678901234
Diners Club: 38812345678901
```

**正则表达式**

```
4\d{12}(\d{3})?
```

**结果**

```
MasterCard: 5212345678901234
Visa 1: 4123456789012
Visa 2: 4123456789012345
Amex: 371234567890123
Discover: 601112345678901234
Diners Club: 38812345678901
```

**分析**

Visa 卡的第一位号码永远是 4，总长度是 13 位或 16 位数字（不存在 14 位或 15 位，所以这里不能使用数字区间）。4 匹配数字 `4` 本身，`\d{12}` 匹配接下来的 12 位数字，`(\d{3})?`匹配可选的最后 3 位数字。

匹配 American Express（美国运通）卡号的模式就简单多了。

**文本**

```
MasterCard: 5212345678901234
Visa 1: 4123456789012
Visa 2: 4123456789012345
Amex: 371234567890123
Discover: 601112345678901234
Diners Club: 38812345678901
```

**正则表达式**

```
3[47]\d{13}
```

**结果**

```
MasterCard: 5212345678901234
Visa 1: 4123456789012
Visa 2: 4123456789012345
Amex: 371234567890123
Discover: 601112345678901234
Diners Club: 38812345678901
```

**分析**

American Express 卡的号码总长度是 15 位，前 2 位号码必须是 34 或 37。`3[47]`匹配前 2 位数字，`\d{13}`匹配剩余的 13 位数字。

匹配 Discover 卡号的模式也不难。

**文本**

```
MasterCard: 5212345678901234
Visa 1: 4123456789012
Visa 2: 4123456789012345
Amex: 371234567890123
Discover: 601112345678901234
Diners Club: 38812345678901
```

**正则表达式**

```
6011\d{14}
```

**结果**

```
MasterCard: 5212345678901234
Visa 1: 4123456789012
Visa 2: 4123456789012345
Amex: 371234567890123
Discover: 601112345678901234
Diners Club: 38812345678901
```

**分析**

Discover 卡的号码总长度是 16 位，前 4 位号码必须是 `6011`，所以用`6011\d{14}`就行了。

Diners Club 卡的情况稍微复杂一些。

**文本**

```
MasterCard: 5212345678901234
Visa 1: 4123456789012
Visa 2: 4123456789012345
Amex: 371234567890123
Discover: 601112345678901234
Diners Club: 38812345678901
```

**正则表达式**

```
(30[0-5]|36\d|38\d)\d{11}
```

**结果**

```
MasterCard: 5212345678901234
Visa 1: 4123456789012
Visa 2: 4123456789012345
Amex: 371234567890123
Discover: 601112345678901234
Diners Club: 38812345678901
```

**分析**

Diners Club 卡的号码总长度是 14 位，必须以 300~305、36 或 38 开头。如果前 3 位号码是 300~305，后面必须再有 11 位数字；如果前 2 位号码是 36 或 38，则后面必须再有 12 位数字。我们这里采用了一个比较简单的办法：不管具体是什么，先匹配前 3 位数字。`(30[0-5]|36\d|38\d)`包含 3 个子表达式，只要其中之一得到匹配即可；其中 `30[0-5]`匹配 300~305，`36\d` 匹配以 36 开头的任意 3 位数字，`38\d` 匹配以 38 开头的任意 3 位数字。最后，`\d{11}`匹配剩余的 11 位数字。

现在，只要把上述 5 种信用卡号码的匹配模式组合在一起即可。

**文本**

```
MasterCard: 5212345678901234
Visa 1: 4123456789012
Visa 2: 4123456789012345
Amex: 371234567890123
Discover: 601112345678901234
Diners Club: 38812345678901
```

**正则表达式**

```
(5[1-5]\d{14})|(4\d{12}(\d{3})?)|(3[47]\d{13})|
➥(6011\d{14})|((30[0-5]|36\d|38\d)\d{11})
```

**结果**

```
MasterCard: 5212345678901234
Visa 1: 4123456789012
Visa 2: 4123456789012345
Amex: 371234567890123
Discover: 601112345678901234
Diners Club: 38812345678901
```

**分析**

该模式用|操作符（提供了多选分支）把前面得到的 5 个模式组合到了一起。有了它，我们就可以一次性验证 5 种常见信用卡的号码了。

**注意** 这里使用的模式只能检查信用卡号码起始的数字序列和数字总长度是否正确。不过，并非所有以 4 开头的 13 位数字都是有效的 Visa 卡号。还要使用一种叫作 Mod 10 的数学公式对信用卡号码（上面提及过的所有信用卡类型）进行计算，以确定号码是否真正有效。在处理信用卡的时候，Mod 10 算法是一个必不可少的重要环节，但它不属于正则表达式的工作，因为其涉及数学运算。

## 11.13 小结

在本章，你看到了我们在前面章节里介绍的许多概念和思路在实际中的应用例子。这些例子里的模式可以随意拿来使用或改动。我们将其作为一份见面礼，欢迎大家进入令人兴奋且富有成效的正则表达式世界。

# 附录 A

# 常见应用软件和编程语言中的正则表达式

不同的正则表达式实现的基础语法大都一致，但在具体用法方面往往有所不同。支持正则表达式的编程语言和应用软件各有各的方法，大多数都有自己微妙（有时也不那么微妙）的差异。本附录将描述正则表达式在流行的应用软件和编程语言中的用法，并提供一些具体的注意事项。

**注意** 本附录里的信息只是作为参考，帮助你入门之用，各种正则表达式实现的具体用法示例和注意事项超出了本书的讨论范围，更多的信息可以参考相关应用软件或语言的文档。

## A.1 grep

grep 是一种用来对文件或标准输入文本进行文字搜索的 Unix 实用工具。根据你具体使用的命令选项，grep 支持基本、扩展和 Perl 正则表达式。

- `-E`：使用扩展正则表达式。
- `-G`：使用基本正则表达式。
- `-P`：使用 Perl 正则表达式。

**提示** 具体的特性和功能取决于指定的选项。大多数用户喜欢使用 Perl 正则表达式（见稍后的描述），因为这种正则表达式是最标准的。

请注意以下事项。

- 在默认的情况下，grep 将把包含匹配的各个文本行全部显示出来。如果你只想查看匹配结果，请使用`-o`选项。
- 使用`-v`选项将对匹配操作取反，也就是只显示不匹配的文本行。
- 使用`-c`选项将只显示匹配的数量而不是匹配到的具体内容。
- 使用`-i`选项进行不区分字母大小写的匹配。
- grep 工具只能用来搜索，无法进行替换操作。换句话说，grep 不支持替换功能。

## A.2 Java

Java 语言中的正则表达式匹配功能是通过`java.util.regex.Matcher`类和以下这些方法实现的。

- `find()`：在一个字符串里寻找一个给定模式的匹配。
- `lookingAt()`：用一个给定的模式去尝试匹配一个字符串的开头。
- `matches()`：用一个给定的模式去尝试匹配一个完整的字符串。
- `replaceAll()`：执行替换操作，替换所有的匹配。
- `replaceFirst()`：执行替换操作，只替换第一个匹配。

`Matcher`类还提供了几个能够对特定操作做出更细致调控的方法。此外，`java.util.regex.Pattern`类也提供了一些简单易用的包装器方法。

- `compile()`：把一个正则表达式编译成模式。
- `flags()`：返回模式的匹配标志。
- `matches()`：在功能上等价于之前介绍的`matches()`方法。
- `pattern()`：把一个模式还原为正则表达式。
- `split()`：把一个字符串拆分为子串。

Sun 公司的 Java 正则表达式基于的是 Perl 正则表达式实现，但要注意以下几点。

- 要想使用正则表达式，必须先用 `import java.util.regex.*` 语句导入正则表达式包（该语句会将整个包导入。如果你只需要用到其中的一部分功能，请用相应的名称替换掉语句中的*）。
- 不支持嵌入条件。
- 不支持使用`\E`、`\l`、`\L`、`\u`和`\U`进行大小写转换。
- 不支持使用`\b`匹配退格符。
- 不支持`\z`。

## A.3 JavaScript

JavaScrip 通过 `String` 和 `RegExp` 对象的下列方法实现了正则表达式处理。

- `exec`：用来搜索一个匹配的 `RegExp` 对象方法。
- `match`：用来匹配一个字符串的 `String` 对象方法。
- `replace`：用来执行替换操作的 `String` 对象方法。
- `search`：用来测试给定字符串里是否存在匹配的 `String` 对象方法。
- `split`：用来把一个字符串拆分为多个子串的 `String` 对象方法。
- `test`：用来测试给定字符串里是否存在匹配的 `RegExp` 对象方法。

JavaScript 的正则表达式支持源自 Perl 语言，但需要注意以下几点。

- JavaScript 使用标志来管理区分字母大小写的全局搜索：`g` 标志启用全局搜索功能，`i` 标志使匹配操作不区分字母大小写，这两个标志可以合并为 `gi`。
- 其他修饰符（版本 4 以后的浏览器支持）包括：支持多行字符串的 `m`；支持单行字符串的 `s`；忽略正则表达式模式中空白字符的 `x`。
- 在使用反向引用的时候，`` $` ``（反引号）将返回所匹配字符串之前的所有内容，`$'`（单引号）将返回所匹配字符串之后的所有内容，`$+`将返回最后一个匹配的子表达式，`$&`将返回所匹配到的所有内容。

- JavaScript 提供了一个名为 RegExp 的全局对象，在执行完一个正则表达式之后，你可以通过这个对象获得与这次执行有关的信息。
- JavaScript 不支持 POSIX 字符类。
- JavaScript 不支持\A 和\Z。

## A.4 Microsoft .NET

作为基础类库的一部分，.NET Framework 提供了强大且灵活的正则表达式处理功能。因此，所有的.NET 语言和工具（包括 ASP.NET、C# 和 Visual Studio .NET）都可以使用正则表达式。

.NET 里的正则表达式支持是通过 Regex 类（以及其他一些辅助类）提供的。Regex 类包含下列方法。

- IsMatch()：测试在给定的字符串里是否可以找到匹配。
- Match()：搜索单个匹配，将其作为 Match 对象返回。
- Matches()：搜索所有的匹配，将其作为 MatchCollection 对象返回。
- Replace()：在给定的字符串上执行替换操作。
- Split()：把一个字符串拆分为一个子串数组。

利用包装器函数，在无须创建和使用 Regex 类实例的情况下也可以执行正则表达式。

- Regex.IsMatch()：在功能上等价于 IsMatch()方法。
- Regex.Match()：在功能上等价于 Match()方法。
- Regex.Matches()：在功能上等价于 Matches()方法。
- Regex.Replace()：在功能上等价于 Replace()方法。
- Regex.Split()：在功能上等价于 Split()方法。

下面是一些与.NET 正则表达式支持有关的重要注意事项。

- 要想使用正则表达式，必须用 Imports System.Text.RegularExpressions 语句导入正则表达式对象。

- 如果想使用快速的行内（inline）正则表达式处理，包装器函数是理想的选择。
- 正则表达式的选项需要使用 Regex.Options 属性给出，它是一个 RegexOption 枚举集合，可用于设置各有关成员，例如 IgnoreCase、Multiline、Singleline 等。
- .NET 支持命名捕获，即允许对子表达式进行命名（这样就可以使用名字而不是编号来引用它们了）。命名子表达式的语法是?<name>，反向引用的语法是\k<name>，在替换模式中的引用语法是${name}。
- 在使用反向引用的时候，$`将返回所匹配字符串之前的所有内容，$'将返回所匹配字符串之后的所有内容，$+将返回最后一个匹配的子表达式，$_将返回整个原始字符串，$&将返回所匹配的整个字符串。
- .NET Framework 不支持使用\E、\l、\L、\u 和\U 进行大小写转换。
- .NET Framework 不支持 POSIX 字符类。

## A.5 Microsoft SQL Server T-SQL

Microsoft SQL Server 本身不支持正则表达式。但是，SQL Server T-SQL 语句可以使用 Microsoft CLR（common language runtime，公共语言运行时），后者确实具备正则表达式功能。CLR 超出了本书的范围，不过可以在 Microsoft 站点上找到相关文档。

## A.6 Microsoft Visual Studio .NET

Visual Studio .NET 里的正则表达式支持由.NET Framework 提供。参阅前面的 A.4 节。

要想使用正则表达式，请按以下步骤操作。

- 在 Edit 菜单里选择 Find and Replace。
- 选择 Find、Replace、Find in Files 或 Replace in Files。
- 打开 Use 下拉框，从下拉清单里选择 Regular expressions。

请注意以下事项。

- 使用@代替*?。
- 使用#代替+?。
- 使用^n 代替{n}。
- 在替换操作里，可以用\(w,n)语法（其中 w 是宽度，n 是反向引用编号）来左对齐一个反向引用，右对齐一个反向引用的语法是\(-w,n)。
- Visual Studio .NET 使用以下特殊元字符和符号：

  :a　代表[a-zA-Z0-9]<br>
  :c　代表[a-zA-Z]<br>
  :d　代表\d<br>
  :h　代表[a-fA-F0-9]（十六进制数字）<br>
  :i　代表[a-zA-Z_$][a-zA-Z_0-9$]*（有效的.NET 标识符）<br>
  :q　代表字符串引用<br>
  :w　代表[a-zA-Z]+<br>
  :z　代表\d+
- \n 是一个与平台无关的换行符。在替换操作里，它会插入一个新行。
- 支持以下几种特殊的字母匹配字符：

  :Lu　匹配任意大写字母<br>
  :Ll　匹配任意小写字母<br>
  :Lt　匹配单词的标题形式（首字母是大写的单词）<br>
  :Lm　匹配任意标点符号
- 支持以下几种特殊的数字匹配字符：

  :Nd　[0-9]+（十进制数字）<br>
  :Nl　罗马数字
- 支持以下几种特殊的标点符号匹配字符：

  :Ps　配对标点符号的开始符号（左括号、左引号，等等）<br>
  :Pe　配对标点符号的结束符号（右括号、右引号，等等）<br>
  :Pi　双引号

:Pf　单引号
:Pd　短划线（连字符）
:Pc　下划线
:Po　其他标点符号

- 支持以下几种特殊的符号匹配字符：

:Sm　数学符号
:Sc　货币符号
:Sk　重音和方言符号
:So　其他符号

- .NET Framework 还支持其他一些特殊字符，详细情况请参阅 Visual Studio .NET 文档。

## A.7　MySQL

MySQL 是一款流行的开源数据库，它率先支持使用正则表达式来搜索数据库。

MySQL 对正则表达式的支持体现在允许 `WHERE` 子句中使用如下格式的表达式：

```
REGEXP "expression"
```

**注意**　下面是一条使用了正则表达式的 MySQL 语句的完整语法：

```
SELECT * FROM table WHERE REGEXP "pattern"
```

MySQL 的正则表达式支持不仅实用，而且功能强大，但它还算不上是一个完备的正则表达式实现。

- 只提供了搜索支持，不支持使用正则表达式进行替换操作。
- 在默认的情况下，正则表达式搜索不区分字母大小写。如果需要执行区分字母大小写的搜索，得使用 `BINARY` 关键字（放在 `REGEXP` 和模式之间）。
- 用`[[:<:]]`来匹配单词的开头，用`[[:>:]]`来匹配单词的结尾。
- 不支持环视。

- 不支持嵌入条件。
- 不支持八进制字符搜索。
- 不支持\a、\b、\e、\f 和\v。
- 不支持反向引用。

## A.8 Oracle PL/SQL

PL/SQL 是 Oracle DBMS 中使用的 SQL 格式。PL/SQL 支持的正则表达式如下。

- 可以使用 REGEXP_LIKE 代替 SQL 的 LIKE。

以下是一些与 PL/SQL 正则表达式有关的注意事项。

- REGEXP_LIKE 可用于匹配数据类型 VARCHAR2、CHAR、NVARCHAR2、NCHAR、CLOB 或 NCLOB 中的文本。
- 要想进行区分字母大小写的匹配，需指定 REGEXP_LIKE 匹配参数 c。
- 要想进行不区分字母大小写的匹配，需指定 REGEXP_LIKE 匹配参数 i。
- 要想允许.匹配换行符，需指定 REGEXP_LIKE 匹配参数 n。
- 要想忽略空白字符，需指定 REGEXP_LIKE 匹配参数 x。
- 管道字符|可以用作 OR。

## A.9 Perl

Perl 可以说是各种正则表达式实现的“祖师爷”，其他大多数实现都试图与 Perl 相兼容。

正则表达式支持是 Perl 的核心内容，只要简单地指定操作和模式即可使用。

- m/pattern/：匹配给定的模式。
- s/pattern/pattern/：执行替换操作。
- qr/pattern/：返回一个 Regex 对象供今后使用。
- split()：把一个字符串拆分为子串。

下面是一些与 Perl 正则表达式有关的注意事项。

- 修饰符可以出现在模式之后。/i 表示在搜索时不区分字母大小写，/g 表示执行全局搜索（找出所有的匹配）。
- 在使用“反向引用”的时候，$`将返回所匹配字符串之前的所有内容，$'将返回所匹配字符串之后的所有内容，$+将返回最后一个匹配的子表达式，$&将返回所匹配的整个字符串。

## A.10 PHP

PHP 通过 PCRE 包提供了与 Perl 相兼容的正则表达式支持。

下面是 PCRE 支持的一些正则表达式函数。

- preg_grep()：执行搜索并以数组形式返回匹配结果。
- preg_match()：执行正则表达式搜索，返回第一个匹配。
- preg_match_all()：执行正则表达式搜索，返回所有的匹配。
- preg_quote()：接受模式作为参数，返回值是该模式转义过的版本。
- preg_replace()：执行“搜索并替换”操作。
- preg_replace_callback()：执行“搜索并替换”操作，实际的替换由回调函数来完成。
- preg_split()：把一个字符串拆分为子串。

请注意以下事项。

- 如果匹配时不想区分字母大小写，请使用修饰符 i。
- 可以使用修饰符 m 启用多行字符串模式。
- PHP 可以将替换字符串评估为 PHP 代码。可以使用修饰符 e 启用该功能。
- preg_replace()、preg_replace_callback()和 preg_split()函数都支持一个可选的参数，该参数用来给出一个上限值，也就是对字符串进行替换或拆分的最大次数。
- 在 PHP 4.0.4 和更高版本中，反向引用可以用 Perl 语言的$语法（例如$1）来引用；在较早的版本中用\\来代替$。

- 不支持\l、\u、\L、\U、\E、\Q 和\v。

## A.11 Python

Python 通过 re 模块提供了正则表达式支持。

Python 支持下列正则表达式函数。

- preg_grep()：执行搜索并以数组形式返回匹配结果。
- findall()：查找所有子串并以列表形式将其返回。
- finditer()：查找所有子串并以迭代器形式将其返回。
- match()：在字符串的开头执行正则表达式搜索。
- search()：搜索字符串中的所有匹配项。
- split()：将字符串转换成列表，在模式匹配的地方将其分割。
- sub()：用指定的子串替换匹配项。
- subn()：返回一个字符串，其中匹配项被指定的子串替换。

请注意以下事项。

- 在使用之前，必须用 re.compile 将正则表达式编译成对象。
- re.compiler 接受可选的标志，例如 re.IGNORECASE（表示搜索的时候不区分字母大小写）。
- 标志 re.VERBOSE 可协助调试正则表达式。
- 如果没有匹配，match()和 search()将返回 None。

## 基本的元字符

| 元字符 | 说　明 | 章 |
|---|---|---|
| . | 匹配任意单个字符 | 2 |
| \| | 逻辑或操作符 | 7 |
| [] | 匹配该字符集合中的一个字符 | 3 |
| [^] | 排除该字符集合 | 3 |
| - | 定义一个范围（例如[A-Z]） | 3 |
| \ | 对下一个字符转义 | 2 |

## 量词元字符

| 元字符 | 说　明 | 章 |
|---|---|---|
| * | 匹配前一个字符（子表达式）的零次或多次重复 | 5 |
| *? | *的懒惰型版本 | 5 |
| + | 匹配前一个字符（子表达式）的一次或多次重复 | 5 |
| +? | +的懒惰型版本 | 5 |
| ? | 匹配前一个字符（子表达式）的零次或一次重复 | 5 |
| {n} | 匹配前一个字符（子表达式）的 *n* 次重复 | 5 |
| {m, n} | 匹配前一个字符（子表达式）的至少 *m* 次且至多 *n* 次重复 | 5 |
| {n, } | 匹配前一个字符（子表达式）的 *n* 次或更多次重复 | 5 |
| {n, }? | {n, }的懒惰型版本 | 5 |

## 位置元字符

| 元字符 | 说　明 | 章 |
|---|---|---|
| ^ | 匹配字符串的开头 | 6 |
| \A | 匹配字符串的开头 | 6 |
| $ | 匹配字符串的结尾 | 6 |
| \Z | 匹配字符串的结尾 | 6 |
| \< | 匹配单词的开头 | 6 |
| \> | 匹配单词的结尾 | 6 |
| \b | 匹配单词边界（开头和结尾） | 6 |
| \B | \b 的反义 | 6 |

## 匹配模式

| 元字符 | 说　明 | 章 |
|---|---|---|
| (?m) | 多行模式 | 6 |

## 特殊字符元字符

| 元字符 | 说　明 | 章 |
|---|---|---|
| [\b] | 退格字符 | 4 |
| \c | 匹配一个控制字符 | 4 |
| \d | 匹配任意数字字符 | 4 |
| \D | \d 的反义 | 4 |
| \f | 换页符 | 4 |
| \n | 换行符 | 4 |
| \r | 回车符 | 4 |
| \s | 匹配任意空白字符 | 4 |
| \S | \s 的反义 | 4 |
| \t | 制表符（Tab 键） | 4 |
| \v | 垂直制表符 | 4 |
| \w | 匹配任意字母数字字符或下划线字符 | 4 |
| \W | \w 的反义 | 4 |
| \x | 匹配一个十六进制数字 | 4 |
| \0 | 匹配一个八进制数字 | 4 |

## 反向引用和环视

| 元字符 | 说　明 | 章 |
|---|---|---|
| () | 定义一个子表达式 | 7 |
| \1 | 匹配第一个子表达式；\2 匹配第二个子表达式，以此类推 | 8 |
| ?= | 肯定式向前查看 | 9 |
| ?<= | 肯定式向后查看 | 9 |
| ?! | 否定式向前查看 | 9 |
| ?<! | 否定式向后查看 | 9 |
| ?() | 条件（if then） | 10 |
| ?()\| | 条件（if then else） | 10 |

## 大小写转换

| 元字符 | 说　明 | 章 |
|---|---|---|
| \E | 结束\L 或\U 转换 | 8 |
| \l | 把下一个字符转换为小写 | 8 |
| \L | 把后面的字符转换为小写，直到遇见\E 为止 | 8 |
| \u | 把下一个字符转换为大写 | 8 |
| \U | 把后面的字符转换为大写，直到遇见\E 为止 | 8 |